本书受国家社会科学基金重大项目"数字经济时代完善绿色生产和消费的制度体系和政策工具研究"（20ZDA087）和浙江省新型重点专业智库"浙江财经大学中国政府监管与公共政策研究院"资助

浙江智库
ZHEJIANG
THINK TANK

选择性环境规制执行逻辑
与矫正机制研究

Study on Enforcement Logic and Correction Mechanism
of Selective Environmental Regulation

蔡海静　著

中国社会科学出版社

图书在版编目（CIP）数据

选择性环境规制执行逻辑与矫正机制研究/蔡海静著 .
—北京：中国社会科学出版社，2022.5
ISBN 978-7-5227-0208-7

Ⅰ. ①选… Ⅱ. ①蔡… Ⅲ. ①环境规划—研究—中国
Ⅳ. ①X32

中国版本图书馆 CIP 数据核字（2022）第 080425 号

出 版 人	赵剑英	
责任编辑	刘晓红	
责任校对	周晓东	
责任印制	戴 宽	

出　　版	中国社会科学出版社
社　　址	北京鼓楼西大街甲 158 号
邮　　编	100720
网　　址	http：//www.csspw.cn
发 行 部	010-84083685
门 市 部	010-84029450
经　　销	新华书店及其他书店
印　　刷	北京君升印刷有限公司
装　　订	廊坊市广阳区广增装订厂
版　　次	2022 年 5 月第 1 版
印　　次	2022 年 5 月第 1 次印刷
开　　本	710×1000　1/16
印　　张	17.25
插　　页	2
字　　数	258 千字
定　　价	99.00 元

凡购买中国社会科学出版社图书，如有质量问题请与本社营销中心联系调换
电话：010-84083683

摘　要

当前，加快构建绿色低碳循环发展经济体系，已成为应对我国严峻环境形势的基本之策。经过多年建设，我国生态环境法律法规框架体系已初步成形，然而环境恶化的趋势并未得到根本扭转，环境立法与环境规制实际效果之间尚存一定差距。环境规制的有效实施既有赖于中央政府的治理意愿，更取决于地方政府与环保部门基于政治和经济利益的考量。对环境违法行为实施选择性执法即选择性环境规制，具备独特的内在逻辑。首先，在"保增长"与"减排放"的双重压力下，地方政府往往会采取机会主义行为，对普遍性环境违法行为进行选择性执法。其次，在现行环境治理架构中，负责日常性环境规制管理事务的各地环保部门，同时接受来自上级环保部门和同级政府的"双重领导"，有动机实施选择性环境规制行为，最终对生态环境保护产生不利影响。

选择性环境规制是我国环境治理效果未达预期的重要原因，如何科学厘定、识别并有效矫正选择性环境规制问题，已成为当前我国环保制度"落地生根"、实现绿色复兴与可持续发展的重要课题。基于此，以选择性环境规制为研究对象，本书着重关注政企互动和央—地关系视角下的环境规制执行机制，考察微观主体应对选择性环境规制的行为策略及相关经济后果，并进一步探讨了实现经济稳定增长与环境有效治理的"双赢"措施。

本书包含十个密切相关的研究主题：环境规制、企业金融化及其制度逻辑；环境规制、绿色信贷与环保效应；绿色信贷政策与"两高"企业权益资本成本；环境规制、环保投资与经济政策；环境规制、碳信息披露与董事会独立性；环境规制、董事会秘书特征与环境信息披露；环境规制、行业异质性与内部人减持；环境规制、碳排放权交易与财务绩效；环境规制、文明城市创评与企业绿色创新；选择性环境规制与环保垂直管理。具体研究框架如下。

首先，进行理论基础与制度背景分析。综合梳理国内外规制经济学、环境经济学和国际经济学领域前沿文献及其结合点，并以选择性环境规制为研究出发点，针对环境规制对企业投融资、公司治理、企业碳排放等方面的影响展开文献梳理。

其次，针对选择性环境规制的执行逻辑与矫正机制展开细致探讨，主要分为以下三个研究层次。一是基于企业投融资视角的选择性环境规制执行逻辑与经济后果研究，内容包括立足选择性环境规制和实体企业"脱实向虚"的现实背景，由环境规制入手阐释实体企业金融化的制度逻辑；检验绿色信贷政策对"两高"企业银行借款的影响及其环保社会效应；考察绿色信贷政策对"两高"企业权益资本成本的实施效果；考察经济政策不确定性对企业环保投资的影响等。二是基于公司治理视角的选择性环境规制外化形式与环境信息披露研究，内容包括检验环境规制强度对企业碳信息披露的影响；考察董事会秘书特征对企业环境信息披露质量的影响；探讨环境规制对内部人减持规模的影响等。三是基于公司绩效视角的选择性环境规制矫正机制与治理成效研究，内容包括检验碳排放权交易对企业财务绩效的影响；考察文明城市建设对企业绿色技术创新的影响效应；分析山东省试点实施地方环保机构垂直改革的实践成效等。

最后，为我国科学矫正选择性环境规制问题提出针对性的政策建议。

本书主要研究结论如下。

在选择性环境规制的经济后果方面，本书着重关注政企互动与央—地关系视角下的环境规制执行机制，并进一步考察微观主体应对选择性环境规制的行为策略及相关经济后果。研究发现：①环境规制强度将正向强化企业金融化水平与内部人减持规模，且污染行业企业所受影响更为突出；②进一步将企业环境信息披露与公司治理等因素纳入考察，发现董事会秘书任期与企业环境信息披露质量呈正相关关系，且财务绩效能够负向调节两者关系；董事会秘书国际化经历有助于企业披露高质量环境信息，且财务绩效具有负向调节作用；③在适当环境规制强度下，企业为降低环境惩处成本会提高企业碳信息披露质量，而董事会独立性对两者关系具有显著的正向调节作用。

在环境规制的工具设置与政策执行效果方面，鉴于环境问题治理的复杂性、综合性与专业技术性，环境规制如何依据各地环境问题特征而实现"因地制宜"治理，以应对环境治理的构建性、价值性等需求，是环境规制革新中的一项重要议题。研究发现：①尽管碳排放权交易政策的实施尚不能促进我国企业增加研发投入，对企业投资收益的影响不显著，但能够有效提升企业价值与企业财务绩效；②我国绿色信贷政策实施后，"两高"企业的新增银行借款明显减少，受政策冲击较大的城市二氧化硫排放量和工业废水排放量均显著下降，节能减排与污染治理成效明显；③绿色信贷政策会显著提高"两高"企业的权益资本成本，且投资者信心在该影响中具有显著的部分中介传导作用；④经济政策不确定性升高会抑制企业的环保投资，且该抑制作用在投资机会好、成长性较高的重污染企业中表现得更为明显；⑤创评文明城市作为一项特殊的环境规制工具，对企业绿色技术创新具有正向促进作用。

在选择性环境规制的矫正机制方面，基于对我国环境规制体系架构展开的深入考察，发现通过调整地方政府与环境规制部门的权力架构、匡正地方政府竞争行为，可避免地方环保部门为向地方政府目标妥协而导致规制低效、失灵现象，环境规制执行的独立性得到进一步保障。基于山东省改革绩效，从组织机构、环保财政资金、领导干部环境责任审计三个层面深入分析，发现将环保机构管理体制由过去的属地原则变更为垂直管理，对地方政府选择性环境规制行为产生了显著抑制作用。

本书研究的可能贡献与创新之处主要体现在以下三方面。

一是考察微观主体应对选择性环境规制的行为策略及相关经济后果，这是研究视角的创新。"竞次"现象与选择性环境规制行为是地区竞争压力下微观企业、各层级政府之间"恶性"互动的结果，而基于宏观加总数据难以准确揭示其内在逻辑和运行机制，亦难以据此考察其对微观经济个体的作用机制。此外，受限于数据可得性，现有文献关于"竞次"假说的检验主要聚焦于环境规制的后果——环境质量而非环境规制本身。作为市场运行主体的企业与环境规制执行主体的地方政府，探究两者面对环境规制的行为反应，将为考察我国选择性环境规制问题提供直观而独特的视角。本书基于微观企业层面环境数据，通过定量考察企业个体特征与环境政策之间的关系，识别环保部门的选择性环境规制行为模式，进一步考察微观主体对选择性环境规制的行为策略及相关经济后果。本书研究成果有望为科学矫正地区环保部门选择性环境规制行为、引导市场主体绿色创新进步提供理论支撑和经验证据。

二是从选择性环境规制视角探讨环境规制执行效果及矫正机制，这是研究内容的创新。本书将选择性环境规制界定为，地方政府采取机会主义行为，对普遍性环境违法行为进行选择性执法。大量文献探讨了我国环境规制中出现的"竞次"现象，但鲜有文献关注央—地目标差异所引致的选择性环境规制问题。我国环境规制由中央统一制定后再由地方政府实施，然而，由于中央政府与地方政府之间在目标函数上往往不一致，地方环保部门在实际执行中亦受制于地方政府，致使环境规制难以得到完全有效执行，沦为地方政府争夺流动性资源的工具。同时，被多数研究所忽略的另一事实在于：即便在人事安排和财政预算上受制于同级政府，地方环保部门在环境处罚等具体规制执法过程中仍享有一定的自由裁量权，政企之间的动态博弈值得深究。基于政企互动和央—地关系视角，本书对选择性环境规制行为的内在逻辑、运行机制、宏微观效应等关键问题展开全面探讨，并从形成机理和表现形式两个不同角度阐述其存在的理论依据与现实后果。

三是提供了环境规制污染治理成效与相关经济后果的经验证据，拓展了环境规制微观经济效应的理论认知。一方面，环境规制趋严将引起企业的环境遵循成本及污染型生产成本提升，尤以污染行业企业为甚，并进一步连锁影响企业经营效率与收益利润，迫使企业改进现有生产工艺流程，提升区域环境污染治理成效；另一方面，环境规制所取得的社会效益以增加企业环境遵循成本、降低企业利润为代价，最终将削弱企业竞争力并限制区域经济发展。环境规制施行成效究竟如何，其能否兼顾环境治理与经济效益，于实务界和学界均是一项重要议题。本书研究成果创新性地提供了我国绿色信贷政策实施效果的经验证据；从企业金融化角度丰富了环境规制经济后果相关研究，从环境规制入手为企业金融化行为提供制度阐释；进一步考察环境规制影响公司治理的作用机制等。本书为加强环境政策合理设置、提升环境保护工作精准性与科学性提供政策启示，助力实现经济稳定增长与环境有效治理"双赢"目标。

　　关键词：选择性环境规制；环境规制工具；生态环境治理；政企互动；企业投融资；"两高"企业；绿色可持续发展

Abstract

Accelerating the construction of green, low-carbon and circular development economic system has become the basic strategy to cope with the severe environmental situation in China. Although the framework of China's ecological environmental laws and regulations has taken shape, the trend of environmental deterioration has not been fundamentally reversed, and there is still a certain gap between environmental legislation and the actual effect of environmental regulations. The effective implementation of environmental regulations depends not only on the governance will of the central government, but also on the consideration of local governments and environmental protection departments based on political and economic interests. Selective enforcement of environmental laws and regulations has its own inherent logic. Firstly, under the dual pressure of maintaining growth and reducing emissions and pollution, local governments often take opportunistic actions to selectively enforce environmental laws. Secondly, in the current environmental governance framework, local environmental protection departments, which are responsible for routine environmental regulation and management, accept the dual leadership from higher environmental protection departments and governments at the same level, thus encouraging the implementation of selective environmental regulation, which ultimately has a negative impact on ecological environmental protection.

Selective environmental regulation is an important reason why the effect of environmental governance in China is not as expected. How to scientifically define, identify and effectively correct the problem of selective environmental regulation has become an important issue to ensure that the environmental protection system "takes root" and achieve green revival and sustainable development in China. Therefore, this book chooses selective environmental regulation as the research object, focuses on interaction between the government and enterprises, as well as the relationship between central and local government under the perspective of environmental regulation enforcement mechanism, and aims to investigate the behavior of enterprises in cope with selective environmental regulation and relevant economic consequences, and further discusses the measures to simultaneously achieve steady economic growth and effective environment governance.

The book contains six chapters and ten closely related research topics: environmental regulation, corporate financialization and its institutional logic; environmental regulation, green credit policy and environmental protection effect; green credit policy and the cost of equity capital of high–pollution and high–consumption enterprises; environmental regulation, environmental protection investment and economic policies; environmental regulation, carbon information disclosure and board independence; environmental regulation, characteristics of the board secretary and environmental information disclosure; environmental regulation, industry heterogeneity and insider disinvestment; environmental regulation, carbon emission trading policy and financial performance; environmental regulation, civilized city construction and enterprise green innovation; selective environmental regulation and vertical governance of environmental protection. The specific research framework is as follows:

Firstly, the theoretical basis and institutional background are analyzed. A comprehensive review of frontier literature and their junction points of domestic and foreign regulatory economics, environmental economics and international economics are carried out, as well as a review of how selective environmental regulation influences corporate investment and financing, corporate governance, corporate carbon emissions and other aspects. Secondly, the implementation logic and correction mechanism of selective environmental regulation are discussed in detail, which can be divided into the following three research levels.

The first is the research on the implementation logic and economic consequences of selective environmental regulation from the perspective of enterprise investment and financing. Based on the background of selective environmental regulation and the economy transforming from substantial to fictitious, this part explains the institutional logic of entity enterprise financialization. This part also examines the impact of green credit policy on bank loans of high-pollution and high-consumption enterprises and its environmental effect, investigates the implementation effect of green credit policy on the cost of equity capital of the enterprises mentioned above, investigates the impact of economic policy uncertainty on enterprise environmental investment.

The second is to explore the externalization form of selective environmental regulation and environmental information disclosure from the perspective of corporate governance, including testing the impact of environmental regulation intensity on corporate carbon information disclosure, investigating the impact of the characteristics of board secretaries on the quality of corporate environmental information disclosure, discussing the influence of environmental regulation on the scale of insider's reduction in shares.

The third is the research on the correction mechanism and governance effectiveness of selective environmental regulation based on the perspective of corporate performance, including examining the impact of carbon emission trading on corporate financial performance, exploring the influence of civilized city construction on enterprise green technology innovation, analyzing and investigating the practice effect of pilot implementation of vertical reform of local environmental protection agencies in Shandong Province.

Finally, policy suggestions are put forward for scientific correction of selective environmental regulation in China.

The main conclusions of this book are as follows:

In terms of the economic consequences of selective environmental regulations, this book focuses on the implementation mechanism of environmental regulation from the perspective of government-enterprise interaction and central-local relationship, and further examines the responding behaviors of enterprises and related economic consequences of selective environmental regulation. The results demonstrate that: ① the intensity of environmental regulation will positively strengthen the level of enterprise financialization and the scale of insider's reduction in shares, and the impact on enterprises in pollution industries is more prominent; ② by further incorporating corporate environmental information disclosure and corporate governance, it is found that the tenure of the board secretary is positively correlated with the quality of corporate environmental information disclosure, and financial performance can negatively regulate the relationship between the two. The international experience of board secretaries boost enterprises to disclose high-quality environmental information, and financial performance has a negative moderating effect; ③ under the appropriate intensity of environmental regulation, enterprises will improve the quality of carbon information disclosure in order to reduce the cost of environmental punishment, and board independence has a significant positive moderating effect on the relationship between the two.

In terms of environmental regulation tools and the effect of the policy implementation, it is of significance for environmental regulation to adjust to the local conditions, considering the complexity, comprehensiveness and professionalism of the environment management. The results reveal that: ① although the implementation of carbon emission trading policy does not promote enterprises to increase R&D investment, and has no significant impact on enterprise investment income, it can effectively improve enterprise value and financial performance; ② After the implementation of China's green credit policy, the bank loans obtained by the high-pollution and high-consumption enterprises decreased significantly, and the emissions of sulfur dioxide and industrial wastewater in the cities affected most by the policy decreased significantly, and the energy conservation, emission reduction and pollution control effect is obvious; ③green credit policy will significantly increase the cost of equity capital of high-pollution and high-consumption enterprises, and investor confidence plays a significant role in the intermediary transmission effect; ④ the increasing uncertainty of economic policy will inhibit enterprises' environmental investment, and the inhibition effect is more obvious in the heavily-polluted enterprises with good investment opportunities and high growth potential; ⑤as a special environmental regulation tool, the construction of civilized city plays a positive role in promoting green innovation of enterprises.

In terms of correction mechanism of selective environmental regulation, based on the in-depth investigation on the domestic environmental regulation system, the book finds that by adjusting the power structure of local government and environmental regulation department, correcting the competition behavior of local government, in order to avoid the local environmental protection department conceding to the target of local government which ultimately leads environmental regulations towards inefficiency and failures, the independence of the environmental regulation is further guaranteed. Based on the performance reform of Shandong Province, an in-depth analysis is carried out from the three aspects of organization structure, environmental protection financial funds and environmental responsibility audit of leading cadres. It is found that the transformation of environmental protection agency management system from the previous territorial principle to vertical management has posed a significant restraining effect on the local government's selective environmental regulation behavior.

The possible contributions and innovations of this book are mainly reflected in the following three aspects:

The first is to investigate the behavioral strategies and related economic consequences of enterprises responding to selective environmental regulation, which is an innovation of research perspective. The phenomenon of "race to the bottom" and selective environmental regulation behavior are the result of vicious interaction between enterprises and governments at all levels under the pressure of regional competition. However, it is difficult to accurately reveal its internal logic and operating mechanism based on macro-level aggregated data, and to investigate its acting mechanism on micro economic individuals. In addition, due to the limited availability of data, the test of "race to the bottom" hypothesis in the existing literature mainly focuses on the consequences of environmental regulation, which is environmental quality rather than environmental regulation itself. As the main body of market operation and implementation of environmental regulations, exploring the behavior of enterprises and local governments towards environmental regulations will provide a direct and unique perspective for the investigation of selective environmental regulation in China. Based on the enterprise-level environmental data, this book effectively identifies the behavioral patterns of environmental protection departments' selective environmental regulations through quantitative investigation of the relationship between individual characteristics of enterprises and environmental policies, and further examines the related economic consequences. The research results of this book are expected to provide theoretical support and empirical evidence for scientific correction of selective environmental regulation behavior of local environmental protection departments and guiding green innovation and progress of enterprises.

The second is to discuss the implementation effect and correction mechanism of environmental regulation from the perspective of selective environmental regulation, which is an innovation of the research content. The book defines selective environmental regulation as selective enforcement of environmental regulation by local governments through opportunistic actions. Many literatures have discussed the phenomenon of "race to the bottom" in China, but few has focused on the selective environmental regulation caused by the difference in targets between central and local governments. Environmental regulation in our country shall be formulated by the central and implemented by the local. The objective functions between the central and local governments are inconsistent. Meanwhile, the local environmental protection department is also subject to the local government. Consequently, the fully implementation of environment regulations and rules is difficult to achieve. At the same time, however, another fact ignored by most researchers is that even though local environmental protection departments are subject to the local governments in terms of personnel arrangements and financial budgets, these departments still enjoy discretion in the enforcement of specific regulations to certain degree, such as environmental fines. Therefore, the dynamic game between governments and enterprises is worth exploring. From the perspective of government − enterprise interaction and central−local relationship, this book comprehensively discusses the internal logic, operation mechanism, macro and micro effects and other key issues of selective environmental regulation behaviors, and expounds the theoretical basis and practical consequences of its existence from two different perspectives of formation mechanism and manifestation.

Another innovative aspect of the book is that it provides empirical evidence of the effectiveness of environmental regulation on pollution control and related economic consequences, and expands the theoretical understanding of the microeconomic effects of environmental regulation. On the one hand, stricter environmental regulations will lead to the increase of environmental compliance costs and polluting production costs of enterprises, especially enterprises in pollution industries, and further influence operating efficiency and profits, forcing enterprises to improve the existing production process and the effectiveness of environmental pollution control. On the other hand, the social benefits obtained by environmental regulation are at the cost of increasing enterprise environmental compliance costs and reducing enterprise profits, which will ultimately weaken enterprise competitiveness and regional economic development. How effective environmental regulations are and whether they can balance environmental governance and economic benefits is an important issue. The research results of this book innovatively provide empirical evidence of the implementation effect of China's green credit policy. It enriches the research on the economic consequences of environmental regulation from the perspective of enterprise financialization and provides institutional interpretation of enterprise financialization from the perspective of environmental regulation. This book further investigates the mechanism of environmental regulation affecting corporate governance. It will provide policy inspiration for strengthening the rational formulation of environmental policies and strengthening the accuracy and scientific content of environmental protection work, and contribute to achieve the win-win goal of stable economic growth and effective environmental governance.

Key words: selective environmental regulation; environmental regulation tools; ecological environment management; government-enterprise interaction; enterprise investment and financing; high-pollution and high-consumption enterprises; green and sustainable development

目　录

第一章

导　论

第一节　研究主旨与意义

一　研究背景与研究主旨

加快构建绿色低碳循环发展经济体系，已成为应对我国严峻环境形势的基本之策。党的十八大以来，我国持续突出"美丽中国"执政理念，将生态文明建设置于全局工作的突出位置。2020 年，习近平主席于第七十五届联合国大会首次提出力争"2030 碳达峰、2060 碳中和"的宏伟目标。同年，"十四五"规划和 2035 年远景目标纲要将"推动绿色发展、促进人与自然和谐共生"列为"十四五"时期经济社会发展主要目标之一，要求"提升生态系统质量和稳定性，持续改善环境质量，加快发展方式绿色转型"。统筹协调生态环境治理与经济社会发展，全面实施绿色转型与可持续发展战略，已成为我国实现两个一百年奋斗目标、共圆伟大复兴中国梦的必由之路。

经过多年建设，我国生态环境法律法规框架体系已初步成型，然而环境恶化的趋势还未得到根本性扭转，重大环境隐患尚未得到有效清除，环境立法与环境规制实际效果之间仍存在一定差距。在"保增长"和"减排放"的双重压力下，地方政府往往采取机会主义行为，对普遍性环境违法行为进行选择性执法，这最终导致了生态环境的整体恶化。环境规制的有效实施有赖于中央政府的治理意愿，更取决于地方政府和环保部门基于政治和经济利益的考量（Tilt，2007）。在现行环境治理架构中，负责日常性环境规制管理事务的各地环保部门，接受上级环保部门和同级政府的"双重领导"。选择性环境规制有其独特的内在逻辑。首先，地方政府主要领导有动机选择性地执行环境政策。执行严格的环境标准会影响辖区企业的生产经营活动，不利于GDP和财政收入增长。因此，地方政府管理者通常不会全面贯彻中央环境治理意愿，而是有选择地执行相关环境政策（梁平汉和高楠，2014）。在激励相容机制缺失的情况下，地方政府会放松对污染产业的规制（聂辉华和张雨潇，2015）。其次，地方环保部门有动机采取选择性环境规制行为。作为环境政策的具体执行机构，地方环保部门需要兼顾"双重领导"者的目标函数（Zheng and Kahn，2013）。在不少情况下，此类目标往往相互冲突且难以协调。因此，地方环保部门通常会采取一定的策略性行为，既不妨害地方政府GDP目标，又能够积极改善环境质量而凸显部门政绩。

对环境违法行为实施选择性执法即选择性环境规制，是造成我国环境治理效果未达预期的重要原因。如何科学厘定、精准识别并对其进行有效矫正，已成为我国环保制度"落地生根"、实现绿色复兴与可持续发展的重要课题。基于此，以选择性环境规制为研究对象，本书着重关注政企互动和央—地关系视角下的环境规制执行机制，并进一步考察微观主体应对选择性环境规制的行为策略及相关经济后果，同时探讨实现经济稳定增长与环境有效治理的"双赢"措施。

二 研究意义

（一）理论意义

已有环境规制领域研究主要基于环境规制同质性假设展开，探讨环境规制强度与企业创新、绿色转型等方面的关联关系。本书从地区竞争和部门利益视角入手，围绕选择性环境规制行为的内在逻辑、外化形式、宏微观效应等关键问题展开全面考察。具体而言，本书研究的理论意义主要体现在以下几方面。

第一，本书通过对选择性环境规制微观经济后果的研究发现，环境规制显著地强化了企业金融化，且对企业内部人减持规模具有显著正向影响，环境规制强度与企业碳信息披露水平呈显著倒"U"形关系。这一系列的研究结果从企业投融资、财务绩效、公司治理等角度拓展了环境规制经济后果的相关研究，并从环境规制角度对企业金融化的制度动因、内部人减持动因等进行扩展性探讨。

第二，本书考察了环境规制政策的执行效果，研究发现碳排放权交易政策能够有效提升企业价值与财务绩效，绿色信贷政策显著减少了"两高"企业的新增银行借款并会显著提高"两高"企业的权益资本成本，且具有节能减排与环境治理效应。这一系列的研究成果扩展了我国市场型环境规制政策执行效果领域的相关研究，更深入地揭示了经济手段在环境保护中的作用机制。

第三，在选择性环境规制矫正方面，本书研究发现，地方环保机构垂直管理改革会对地方政府的选择性环境规制行为产生抑制作用。这一发现对全面深化地方环保机构改革以及矫正选择性环境规制具有重要启示意义。本书研究结果有助于深化对环境规制执行效果偏差现象的理解，为政企互动与央—地关系视角下探讨环境规制执行机制与矫正策略提供理论拓展。

（二）实践意义

本书对选择性环境规制的执行逻辑与矫正机制展开深入探索，并进一步考察微观经济主体应对选择性环境规制的行为策略及相关经济后果。本书研究的实践价值主要体现在如下几方面。

第一，在选择性环境规制经济后果方面，本书研究发现，高强度环境规制将更易引发企业金融类投资偏好，而经济政策不确定性的加剧将抑制企业环保投资，这将为环境规制政策的调整优化以及企业金融化问题的治理提供实践思路，引导政府提升环保工作的科学性与精准性。

第二，在选择性环境规制与公司治理方面，本书研究发现，董事会秘书任期、董事会秘书国际化经历与企业环境信息披露质量均呈正相关关系，董事会独立性将显著正向调节环境规制强度与企业碳信息披露水平两者间的关系，指引政府进一步完善我国董事会秘书制度、上市公司独立董事制度以及碳信息披露制度。

第三，在市场型环境规制政策与环保经济政策的建设探索中，本书研究发现，实施碳排放权交易政策能够促进企业价值提升，但未显著推动企业研发投入与投资收益的增加。这一研究发现为政府机构进一步完善环境权益交易市场建设、鼓励企业积极参与碳排放权交易提供指引。绿色信贷政策能够遏制信贷资金流向"两高"行业并提高"两高"企业权益资本成本，且行业污染程度、产权性质、地域经济形势等因素将引发政策实施效果差异，这对政府及银行采取差异化绿色信贷定价措施，引导资金流向更加环保的产业及企业具有一定启示意义。

第四，在选择性环境规制的治理成效研究方面，本书研究发现，地方环保机构垂直管理改革从组织机构、环保财政资金、环境责任审计三个层面对地方政府的选择性环境规制行为产生抑制作用，这将为我国深化环境管理体制改革、提升环境规制执行效率提供实践启示。本书研究结论将为实现经济稳定增长与环境有效治理的"双赢"，以及科学矫正地区环保部门选择性环境规制行为提供助益，进一步推进我国绿色创新与可持续发展进程。

第二节　研究内容与框架体系

本书包含十个密切相关的研究主题：环境规制、企业金融化及其制度逻辑；环境规制、绿色信贷与环保效应；绿色信贷政策与"两高"企业权益资本成本；环境规制、经济政策与环保投资；环境规制、董事会独立性与碳信息披露；环境规制、董事会秘书特征与环境信息披露；环境规制、行业异质性与内部人减持；环境规制、碳排放权交易与财务绩效；环境规制、文明城市创评与企业绿色创新；选择性环境规制与环保垂直管理。具体研究框架如下：

第一章为导论。提出本书研究论题，阐述研究目的、研究方法和研究内容，说明研究框架体系，并指出研究贡献与创新点。

第二章至第三章为理论基础、文献梳理与制度背景。综合梳理国内外规制经济学、环境经济学和国际经济学文献及其结合点，并以选择性环境规制为研究出发点，针对环境规制对企业投融资、公司治理、企业碳排放等方面的影响展开文献梳理。同时，基于相关制度背景作出理论预期。

第四章至第七章为选择性环境规制执行逻辑与经济后果研究——基于企业投融资视角。其一，立足选择性环境规制和实体企业"脱实向虚"的现实背景，由环境规制入手阐释实体企业金融化的制度逻辑，发现环境规制对企业金融化具有强化效应，且该效应因区域环境规制压力、行业污染程度等异质性因素而存在差异；其二，检验绿色信贷政策对"两高"企业银行借款的影响及其环保效应，发现该政策显著减少了"两高"企业的新增银行借款，且能促使城市二氧化硫排放量和工业废水排放量显著降低；其三，考察绿色信贷政策对"两高"企业权益资本成本的实施效果，研究表明绿色信贷政策会显著提高"两高"企业的权益资本成本；其四，考察经济政策不确定性对企业环保投资的影响，发现经济政策不确定性会显著抑制企业环保投资，且在投资机会好、成长性较高的重污染企业中，这种抑制作用表现得更为明显。

第八章至第十章为选择性环境规制的外化形式与环境信息披露——基于公司治理视角。其一，检验环境规制强度对企业碳信息披露的影响，发现环境规制强度与企业碳信息披露水平之间存在倒"U"形关系，且董事会独立性对该关系具有显著促进作用；其二，考察董事会秘书特征对企业环境信息披露质量的影响，发现董事会秘书任期及其国际化背景能显著提高环境信息披露质量，但企业财务绩效与现金收益在从中起负向调节作用；其三，探讨环境规制对内部人减持规模的影响，发现环境规制强度会显著扩大内部人减持规模，且该影响主要存在于重污染行业中。

第十一章至第十三章为选择性环境规制的矫正机制与治理成效。其一，检验碳排放权交易对企业财务绩效的影响，发现实施碳排放权交易能够有效提升企业价值与企业财务绩效；其二，从微观层面考察文明城市建设这一特殊的环境规制工具对企业绿色技术创新的影响效应，发现创文建设对获评城市企业的绿色技术创新具有显著促进作用，且主要体现于绿色实用新型专利领域；其三，考察山东省试点实施地方环保机构垂直改革的实践成效，发现环保垂直管理对地方政府选择性环境规制行为产生了显著抑制作用。

第十四章为研究结论与展望。总结本书研究的主要结论，提出相应政策建议，并针对研究局限对未来研究方向予以展望。

在资料收集和数据采集方面，本书细致梳理了国内外规制经济学、环境经济学和国际经济学文献及其结合点，系统整理阐述了相关理论基础和研究假设，并基于访谈调研、实地调查、文献数据库、公开披露资料等多种途径，搜集了丰富翔实的研究资料与观测样本数据。其中，宏观层面数据源于中国工业企业数据库、历次全国经济普查年鉴、历年《中国统计年鉴》《中国城市统计年鉴》《中国环境年鉴》《中国环境统计年鉴》等；环境规制层面数据源于公众环境研究中心、和讯网等；企业层面及其他经济金融数据均来自国泰安 CSMAR 数据库、Wind 数据库、CCER 数据库等。一部分数据缺乏可调用的现成统计资料，本书基于所购数据库及公开披露资料，进行细致的二次加工整理，并结合实地调查获取部分一手数据。总体而言，本书研究数据权威可靠，兼具广泛性与独特性。

第三节　研究贡献与创新之处

与已有文献著作相比，本书可能的贡献主要体现在以下三方面。

一是考察微观主体应对选择性环境规制的行为策略及相关经济后果，这是研究视角的创新。"竞次"现象与选择性环境规制行为是地区竞争压力下微观企业、各层级政府之间"恶性"互动的结果，而基于宏观加总数据难以揭示其内在逻辑和运行机制，亦难以据此考察其对微观经济个体的作用机制。此外，受限于数据可得性，"竞次"假说检验多聚焦于环境规制的后果——环境质量而非环境规制本身。作为市场运行主体的企业与环境规制执行主体的地方政府，探究两者面对环境规制的行为反应，能够为考察我国选择性环境规制问题提供直观而独特的视角。基于微观企业层面环境数据，本书通过定量考察企业个体特征与环境政策之间的关系，有效识别环保部门的选择性环境规制行为模式，进一步考察微观主体应对选择性环境规制的行为策略及相关经济后果。本书研究成果将为科学矫正地区环保部门选择性环境规制行为、引导市场主体绿色转型提供理论支撑和经验证据。

二是从选择性环境规制视角探讨环境规制执行效果及矫正机制，这是研究内容的创新。本书将选择性环境规制界定为，地方政府采取机会主义行为，对普遍性环境违法行为进行选择性执法。大量文献探讨了我国环境规制中出现的"竞次"现象，但少有文献探讨央—地目标差异所引致的选择性环境规制问题。我国环境规制由中央统一制定后再由地方政府实施，然而中央政府与地方政府在目标函数上往往不一致，地方环保部门在实际执行中亦受制于地方政府，致使环境规制难以得到完全有效执行，沦为地方政府争夺流动性资源的工具。同时，被多数研究所忽略的另一事实在于：即便在人事安排和财政预算上受制于同级政府，地方环保部门在环境处罚等具体规制执法过程中仍享有一定的自由裁量权，政企之间的动态博弈值得深究。基于政企互动和央—地关系视角，本书对选择性环境规制行为的内在逻辑、运行机制、宏微观效应等关键问题展开全面探讨，并从形成机理和表现形式两个不同角度阐述其存在的理论依据与现实后果。

三是提供了环境规制污染治理成效与相关经济后果的经验证据，拓展了环境规制微观经济效应的理论认知。一方面，环境规制趋严将直接引起企业的环境遵循成本以及污染型生产成本提升，尤以污染行业企业为甚，并进一步连锁影响企业经营效率与收益利润，迫使企业改进现有生产工艺流程，提升区域环境污染治理成效；另一方面，环境规制所取得的社会效益以增加企业环境遵循成本、降低企业利润为代价，最终将削弱企业竞争力并限制区域经济发展。环境规制施行成效究竟如何，其能否兼顾环境治理与经济效益，于实务界和学界均是一项重要议题。本书研究成果创新性地提供了我国绿色信贷政策实施效果的经验证据；从企业金融化角度丰富了环境规制经济后果相关研究，从环境规制入手为企业金融化行为提供制度阐释；进一步考察环境规制影响公司治理的作用机制等。为加强环境政策合理设置、提升环境保护工作精准性与科学性提供政策启示，助力实现经济稳定增长与环境有效治理"双赢"。

第二章

理论基础

第一节 委托代理理论

委托代理理论伴随企业所有权与经营权逐步分离而产生，是现代企业理论发展进程中的重要一环。随着社会生产力水平提升，专业化分工使企业所有者成为委托人，并将企业实际经营决策权授予代理人，也即经理人。委托人的利益诉求在于，通过要求代理人提供有利于自身利益的相关行为，实现自身效用最大化。委托代理关系在现代市场经济中，主要表现为股份制公司中资产所有者与企业管理层之间的关系。

然而，委托代理关系往往会因信息不对称而引发关系失衡问题。信息不对称指信息在相关经济个体间呈不均匀分布状态。对于特定事件，部分个体所掌握的信息较为充分，往往会使信息贫乏方陷于不利处境，致使市场机制失灵与社会资源配置效率降低。信息不对称所引发的典型问题为逆向选择与道德风险问题（Akerlof，1970）。其中，逆向选择指市场交易发生前，占据信息优势的一方可能利用另一方所不具备的信息，损害后者利益；道德风险指交易发生后，交易一方行为由于受到保险保障而改变，交易另一方由于监管限制所导致的利益受损风险（Arrow，1963）。信息不对称理论指出了信息对市场经济的重要影响（Stiglitz，2002），并揭示了自由市场机制的缺陷，强调了政府角色的必要性。在环境保护、社会福利等领域，完全市场经济往往难以达到最佳效果，需要政府对经济运行采取一定的监督手段。

委托人与代理人两者间由于目标冲突所引致的委托代理问题，即是委托代理理论的核心研究议题。由于存在信息不对称现象，委托人通常难以直接查证并监督代理人行为。另外，基于经济人假设，代理人很可能将个人利益置于委托人之上，从而产生代理成本（Jensen and Meckling，1976）。鉴于此，委托人须建立有效的制衡机制，规范并约束代理人行为，以降低代理成本，保障自身利益。在研究初期，受到较多探讨的为基于单一委托人、单一代理人、单一代理事务的双边委托代理问题（Spence and Zeckhauser，1971；Holmstrom，1971；Ross，1973；Stiglitz，1974、1975）。以此为基础，委托代理理论随后进一步发展出多代理人理论（Holmstrom，1982；Sappinngton and Demski，1983；Malcomson，1986；Rasmusen，1987；Rasmusen and Zenger，1989）、共同代理理论（Bernheim and Whinston，1985、1986）、多任务代理理论（Holmstrom and Milgrom，1991）等。而我国的委托代理理论研究包括 Weitzman 模型和"联合基数确定法"模型（唐绍祥和贾让成，2002）、双重委托代理模型下的公司治理（冯根福，2004；许新霞和王学军，2007；蒋海和李赟宏，2008）、完全内部人控制条件下的委托代理模型（徐晓东和王霞建，2010）、具有竞争关系的多参与人委托代理问题（谢会芹等，2011）、国企产权改革（徐传谌和闫俊伍，2011）等。委托代理问题的解决关键在于，如何建立较为完善的监督机制与激励体系，从而缓解双方的目标利益冲突，并促使代理人为实现委托人利益而自觉行动。信号传递理论认为，通过双方间的信息交换，信息不对称问题可在一定程度上得以解决（Spence，1973）。例如，代理人市场声誉模型认为，企业家声誉将为代理人提供较强的非物质激励，这一隐性激励将促使经营者努力工作，使企业所有者与经营者的利益趋向一致（Roberta，2001）。经济学领域中的信号意指信息的载体，包含股价、生产销售情况、组织结构等与企业生产经营紧密相关的一系列信息。信号传递者多为企业管理层，信号接收者则多为企业股东或产品消费者。股利信息、企业社会关系（Reuer, et al., 2012）、企业市场行为（Basdeo, 2006）、IPO 信息（Reuer and Ragozzino, 2012）等均可视作传导企业发展情况的信号。由于委托代理关系广泛存在于社会各类组织关系中，委托代理理论为现代经济理论提供了强有力的分析框架。然而，在社会分工合作日益深化、产权结构日趋复杂的形势下，委托代理链中的信息不对称与动态博弈等问题越发复杂，传统委托代理理论还需进行相应改进，以更好地应用于现实情境。

第二节　制度基础理论

学界对于"制度"的概念界定存在多种观点。制度不仅包括规则程序，还涵盖社会规范、价值观等内容（Oliver, 1997）。基于经济转型情境下正式制度与非正式制度的沿革，兴起于 20 世纪 70 年代的新制度主义进一步架构起制度分析范式。一方面，在经济学视角下，制度被视为规范人类交往的限制性条件，通过制度建立稳定的互动结构，企业交易成本与信息成本得以降低，组织运行效率得到提升（North, 1990）。另一方面，在组织社会学视角下，制度能够保障社会运行的稳定，具备控制性、规范性与认知性等特征。企业所遵循的社会性诉求，可以提升其合法性、资源利用率与生存能力（Scott, 1995）。且组织主要通过强制认同、规范认同和模仿认同，获取合法性与社会认同（DiMaggio and Powell, 1983）。Mike W. Peng 综合二者观点，于 2002 年首次提出战略理论层面的"制度基础观"。在此之前，产业基础观与资源基础观是企业战略管理研究的两种典型理论。产业基础观由 Mason 和 Bain 创立（Mason et al., 1957），重点关注企业成长发展中的外部产业因素，认为产业结构特征对企业成长战略具有决定性作用（Barney, 1991）。资源基础观由 Wernerfelt 于 1984 年正式提出，着重于企业自身的资源与能力，强调企业内部异质性资源与能力有助于形成企业竞争优势（Grant, 1991）。Peng 和 Heath（1997）则认为，企业的逐利活动始终受到正式与非正式的制度约束，且非正式制度可以于正式制度失效时，代之起到指导作用。

区别于前两种理论对效率机制的强调，制度基础观更侧重于合法性机制，着眼于制度体系、政治环境、社会文化等制度因素对企业成长战略选择与战略行为的影响，即"制度框架因素"。制度基础观认为，企业遵循制度逻辑的动因在于获得外部环境中的合法性认同。制度环境亦属于企业外部环境中的一环，需要企业适应调整。遵循制度合法性尽管会限制企业的部分行为，但企业声誉的相应提升，也会为企业发展带来关键资源，而企业行为与制度合法性的背离，将不利于企业长远发展。本书所探讨的环境规制，属于社会性规制范畴。鉴于个体行为决策受其所处制度环境的形塑，环境规制作为一项重要的制度安排，无疑会对企业特别是重污染企业的生产经营和投融资决策产生重要影响。

第三节　外部性理论

Coase 所提出的产权理论，着重研究产权关系在经济活动中的作用，认为权利的清晰界定是资源有效配置的基本前提。明确界定的产权通过解决外部性问题，降低交易成本，以保障资源配置效率。产权理论所提出的关键概念包括产权、不确定性、共同财产、交易成本等。产权理论所探讨的产权，指存在的合法权利，而非所有者拥有的合法权利，与所有权相区别（Coase，1990）。不确定性指交易双方所有权范围界线的不确定，可能引起一方对另一方的损害。共同财产指本应归私人所有者得到，却被相关他人无偿占有的财产收益，产权理论称之为剩余索取权。交易成本包括信息获取成本、谈判成本、经常性契约成本等。产权理论随后演化出交易成本经济学派、公共选择学派与自由竞争学派三条分支。

由 Stigler（1966）所归纳的科斯定理指出，在交易成本为零时，财产法定权利的最初分配不影响经济效率，最终均能实现资源配置的帕累托最优。以此为基础，不同产权安排下经济效率差异得到进一步考察。产权通常可分为私有产权、公有产权与共有产权。Demsetz（1967）认为，私有产权的行使权利仅属于所有者，公有产权的行使权利属于国家，共有产权则属于共同体。共有产权易引发"搭便车"与外部性现象，公有产权在通过代理人行使时则易产生低效率问题。而私有企业产权人由于享有剩余利润占有权，因而具有较强的激励动机去不断提高企业效益。

外部性理论由 Marshall 和 Pigou 于 20 世纪初提出，指某一个体或群体的行为使另一个体或群体利益受损或受益的情形，并区分为正外部性与负外部性。其中，正外部性指某一个体或群体的行为使他人获得了无须支付代价的益处，负外部性则指某一个体或群体的行为向外界强征了无须自身承担的成本。Pigou（1920）于其著作《福利经济学》中提出了"内部不经济"与"外部不经济"的概念，认为当个人与社会的边际收益与边际成本均存在冲突时，自由市场竞争难以实现社会福利最大化，因而需要政府采取适当干预政策，矫正市场失灵与低效率问题，并由此提出"庇古税"的政策建议。随后，Young（1928）对动态外部经济思想进行阐述，Baumol（1952）则拓展了外部性与社会福利、政府行为之间的研究，外部性理论得到进一步发展。

如何将负外部性内在化，始终是外部性理论研究的重点。Coase（1960）强调应从产权入手，探讨何种产权安排能够实现资源效率有效配置，其观点与庇古税相冲突。North（1973）认为，随着生产水平提高与市场建设完善，市场将自行解决负外部性问题。Arrow（1969）认为，外部性是市场失灵的表现，解决策略的重点在于制度与替代制度之间的组织成本。我国学者张五常则对传统外部性理论进行了批判，其指出，由于产权界定模糊与合约不完全性，外部性的概念未能明晰界定，并主张用合约理论加以替代（张五常，2000）。

第四节　本章小结

前述理论为探讨我国选择性环境规制问题的形成机理与矫正机制提供了理论分析框架。在我国生态环境监管体制下，地方政府与地方环保监管部门之间呈现一种委托代理关系。地方环保部门的职责涵盖基本环保制度建设、环境问题的协调监管等，然而其资金拨付、人员任免等事务均由地方政府管理。财政拨款在地方环保部门收入中的占比极重，使地方政府对地方环保部门形成强有力的财政资金控制，进一步催生选择性环境规制问题。同时，尽管"双重领导"体制下的地方环保部门在助力经济增长与改善生态环境的夹缝间艰难抉择，但一个易被忽视的事实是：即便在人事安排和财政预算上受制于同级政府，地方环保部门在环境处罚等具体规制执法过程中仍享有一定的自由裁量权。如果缺乏对这一现象的科学认知，就难以理解我国选择性环境规制行为得以普遍发生的内在逻辑，也就无从深入探析其现实运行机制。鉴于此，本书所探究的选择性环境规制问题，仍属于委托代理理论的核心研究领域，也即委托代理问题。

波特假说与制度基础观为本书检验选择性环境规制的经济后果提供识别思路。鉴于个体行为决策受其所处制度环境的形塑，环境规制作为一项重要的制度安排，无疑会对国民经济、企业发展特别是重污染企业的生产经营和投融资行为决策产生重要影响。我国环境规制包括环境行政管制、环境污染监管、环境经济规制等一系列工具，作用机制与施行成效也不尽相同，将广泛而深远地影响区域经济与企业发展，涵盖区域产业转型升级、进出口贸易、地域环境问题治理、企业投融资布局、绿色技术创新等多个方面。而基于我国国情探究环境规制对企业创新、企业整体竞争力的影响，将为进一步检验、发展波特假说提供来自我国经济社会发展的相关证据。

产权理论与外部性理论在制定与修正环境规制政策上起着重要引导作用。例如，在庇古税理论基础上发展而来的环境税，已成为国外环境规制政策的重要形式（Bovenberg and Ploeg，1994）。而对环境税能否通过治理环境污染、推进技术研发、提升经济产出水平，从而实现"双重红利"，正日益成为相关领域的研究主流。基于我国经济发展数据所展开的多数研究表明，财政支出补贴、环境税、排污费等市场调控类环境规制工具，对于我国环境问题的治理成效更为突出。又如，由于区域间碳排放的空间正相关性极为显著，也即某一地方政府的碳排放治理成效往往具有正外部性，易引起毗邻区域地方政府的"搭便车"心理，致使减排动力下降。破解这一问题，可能需要突破行政地域限制，在区域间建立以污染权为核心的跨境合作制度和污染补偿机制。总体而言，本书将基于上述理论，揭示选择性环境规制的形成机理、运行机制及其经济后果，并探讨相应的激励矫正机制。

第三章

制度背景、文献述评与理论分析

第一节　制度背景

一　环境规制与宏观经济发展

于环境规制本身而言，其涵盖环境行政管制、环境污染监管、环境经济规制等一系列工具，作用机制与施行成效也不尽相同。曹霞和张路蓬（2015）指出，高强度的环境税、适度的创新补贴等手段能对企业绿色技术创新起到最为显著的促进作用。范庆泉等（2016）研究发现，环境税在抑制能源过度消耗、推动经济发展与环境保护"双赢"、促进社会福利改善等方面效果显著。综合而言，财政支出补贴、环境税、排污费等市场调控类环境规制工具，对于我国环境问题的治理成效更为突出（郭进，2019）。

环境规制对产业结构转型调整存在"倒逼机制"，这一点已得到诸多研究的验证。环境规制趋紧将引起企业污染型生产的要素价格上升，抬升企业生产成本，引致要素替代效应，迫使企业改进生产行为，而这将为区域产业结构调整提供驱动力。同时，环境成本较低、环境规制较为宽松的地区，也将形成比较优势，引发企业迁移现象。多数研究表明，环境规制与产业结构调整呈"U"形关系，即当环境规制强度超越门槛值时，就将促进地区产业转型升级（钟茂初等，2015；李虹和邹庆，2018；谭静和张建华，2018）。胡元林和杨雁坤

（2015）验证了环境规制催化企业环境战略转型、推动企业更新动态能力的促进作用，同时企业动态能力则在转型支撑体系、转型路径等方面起到积极推进作用，助力企业环境战略转型。范玉波和刘小鸽（2017）研究发现，环境规制具备显著的产业结构空间效应，即在差异性环境规制背景下，我国中西部地区的相对优势促使污染程度较重的企业迁向西部，引发污染行业从中国东部向西部的空间替代现象。然而，值得注意的是，这一空间结构变迁应建立在严格按功能区划分的分类环保与要素自由流动假设上，以规避中西部地区在承接产业转移中重踏"先发展后治理"的发展陷阱。

环境规制显著影响企业投融资格局与绿色技术创新水平。绿色技术创新指能够消减生态环境污染或破坏、节约资源和能源的技术创新行为（Shao and Fei，2008）。Popp 等（2010）发现，较之其他领域的创新活动，环境规制将对绿色技术创新产生更为强烈、更为显著的推动作用。面对环境规制趋严，企业可能会将部分生产经营资金投入绿色技术研发改造，通过改进现有生产工艺流程，抵减环境遵循成本的增加。在基于我国国情所开展的环境规制与企业绿色技术创新检验中，多数研究验证了"波特假说"的成立。曹霞和张路蓬（2015）的研究表明，环境税、创新补贴等手段将显著促进企业绿色技术创新。唐志勇等（2018）验证了"减碳"政策对企业研发创新的促进效用超过环境成本增加效应，从而推动企业出口规模扩张，也即适度的环境规制能够实现环境提质与出口增长的"双赢"。王旭和褚旭（2019）发现，随着环境规制强度提升，股权融资与政府补贴对创新投入的促进作用增强，且环境规制能够削弱债券融资对创新投入的负向影响。郭进（2019）发现，环保财政支出与排污费将对企业创新技术研发形成倒逼机制。

然而，绿色技术投资的高投入与长周期特征，都将构成企业发展的风险因素。此时，企业在逐利天性驱使下，很可能转向金融投资以稳定利润率。王书斌和徐盈之（2015）基于企业投资偏好来考察不同环境规制工具的雾霾治理效应，发现环境污染监管和环境经济规制能够通过影响企业技术投资偏好和类金融投资偏好来实现雾霾脱钩，而环境行政管制工具则仅能通过影响企业技术投资偏好来实现雾霾脱钩。蔡海静等（2021）验证了环境规制强度提升对企业金融化的强化效应，且这一效应在高区域环境规制压力企业与强污染企业中表现得更为明显。面对日益严苛的环境规制，强污染企业与高区域环境规制压力企业所面临的融资约束、现金流波动风险等问题加剧，进一步引发企业生存风险，诱使企业投资转向低成本、高收益的金融投资。

总体而言，环境规制对企业发展或社会经济进步均有推动作用。环境规制将为城市经济增长带来红利。闫文娟和郭树龙（2016）的研究证明，环境规制一方面对促进就业有直接作用，另一方面则通过倒逼产业结构升级而间接增加就业。史贝贝等（2017）研究发现，环境规制对经济发展的促进作用，一方面随着执行时间的推移而增强，另一方面也与城市规模呈正相关关系。何玉梅和罗巧（2018）的研究表明，环境规制与技术创新显著正相关，技术创新又将进一步促进工业全要素生产率提升，业绩环境规制通过促进技术革新这一路径，最终实现生产率提高。范庆泉（2018）发现，渐进递增的环保税及政府补偿率的环境规制工具组合能够为经济发展带来多重红利，包括持续性经济增长、优化收入分配格局以及积极的环保治理成效。刘家悦和谢靖（2018）则进一步基于要素投入结构对制造业出口质量展开探究，其研究表明，环境规制不利于固定资产投资占比较重行业的出口质量提升，但两者呈显著"U"形关系，也即环境规制存在门槛效应；而对于固定资产投资占比较小的行业，环境规制将促进其出口质量升级，并呈现边际影响递增的"J"形特征。

同时，环境规制也是实现我国经济高质量发展的重要推手。环境规制与循环经济绩效、经济增长质量呈倒"U"形关系（李斌和曹万林，2017；孙英杰和林春，2018）。尽管我国目前的环境规制强度尚处于拐点左侧，但强化环境规制力度与设置将是为我国经济发展提质的重要路径。此外，作为一项外在约束，环境规制将通过影响企业的成本费用、收益利润、经营效率、技术创新等微观因素，以及要素资源配置效率、产业结构等宏观因素，直接或间接地提升企业的绿色全要素生产率（蔡乌赶和周小亮，2017）。但上述成果有赖于环境政策的合理设计，如黄庆华等（2018）的研究表明，陈旧的环境政策无法实现绿色全要素生产率的可持续增长，且将诱发企业的高污染型经济产出行为。建立一套设置合理、强度适当增加的环境规制体系，正被多数学者所广泛呼吁。

然而当前，我国环境规制中的选择性执行现象已引致了规制低效与规制失灵问题。Sinn（2008）的"绿色悖论"理论表明，为争取在新标准实施前出售全部能源资产，环境规制强度提升反而引起了能源开采消费加速，未发挥减排效应。张华（2014）指出，"绿色悖论"的形成原因可能在于，环境政策宣告未能与正式实施同步。同时，两者间的时滞性又很可能是由环境规制扭曲执行所导致，其根源仍在于地方政府间的竞争行为。经济分权与政治治理的垂直体制，加之地方政府领导干部的晋升选拔标准，使地方政府过分强调地方经济发展，中国式分权引发地方政府以 GDP 与晋升为核心的锦标赛（周黎安，2004）。总体而言，我国环境政策采取中央制定、地方实施的执行方式，但央—地政府之间在目标函数上往往不一致，地方环保部门在实际执行中亦受制于地方政府，致使环境规制难以得到完全有效执行，沦为地方政府争夺流动性资源的工具。韩超等（2016）尝试从政府管理者特征入手阐释环境规制失效现象，发现规制政府管理者与其他行政管理者的行为方式并无二致，我国环境规制体制缺乏独立性。潘敏杰等（2017）发现，在中国式财政分权背景下，地方政府管理者更看重经济增长，并倾向于降低环境规制标准，就全国而言，财政分权每提高 1%，雾霾污染增加约 0.4%。

二　我国生态环境监管体系的变迁与沿革

传统上，我国生态环境监督管理体系主要采用属地模式，也即地方环保监管部门为地方政府的组成部门，二者呈委托代理关系。我国早期环保工作主要由县级以上地方环保主管部门负责，原环保总局负责统筹及政策制定工作。地方环保部门的职责涵盖基本环保制度建设、环境问题的协调监管等，然而其资金拨付、人员任免等事务均由地方政府管理。财政拨款在地方环保部门收入中的占比极重，使地方政府对地方环保部门形成强有力的财政资金控制，地方环保主管部门执法能力较弱，导致国家环保政策难以得到有效贯彻实施。传统环境监管体系的另一主要缺陷，在于地方环保监管职权范围与环境污染覆盖范围的不相匹配，跨区域环境违法责任难以准确界定。环境污染往往具有跨域流动特征，而地方政府仅对其管辖区域内的环境问题承担职责，从而对环境问题治理的整体效果构成限制，致使各自为政、环境违法行为突出等问题日益恶化。显然，按行政区划防治污染已对化解跨域环境争端形成阻碍（魏娜和孟庆国，2018）。

为加强对地方环保部门的管理监督，原环保总局以区域为单位增设派出机构，也即肇始于2002年的区域环保督察制度建设。2002年6月，环保总局率先组建华东、华南两个区域环保督查中心，作为区域督查试点单位开展工作；2006年，正式设立华东、华南、西南、西北和东北五个区域督查中心，并于2008年12月设立华北环保督查中心，实现对我国31个省份的环保区域督查全覆盖。区域环保督查中心主要承担环境保护监督执法、协调跨省界污染纠纷等职能，并将企业专项督查作为工作重点，包括整治企业环境违规行为与污染物减排核算。自2013年起，督查对象逐渐延伸至地方党委政府，六大区域督查中心先后在数十个地市开展环保综合督查。区域环保督察制度是对传统属地环境监管体系的重要革新，能够积极推动我国环保监督执法、调解跨区域环境污染问题等。然而，区域环保督察制度对改善区域环境质量的成效未达预期。陈晓红等（2020）对区域环保督察的制度效果展开量化评估，揭示了该制度失灵的重要原因在于区域环保督查中心的事业单位性质以及"督政"职能缺失，致使环境监管权威性与威慑力不足。

针对区域环保督察制度的缺陷，中央全面深化改革领导小组于2015年提出建立环保督察体系，全面落实环境治理中"党政同责""一岗双责"的责任架构。该举措使区域督察制度由环保部牵头转向中央主导，从督企为主转向重点督察党委政府，并将督察结果与政府管理者考评体系相挂钩，是我国环境监管顶层机制的重大变革。2017年，环保部六大区域环保督查中心更名为环保部督察局，机构性质由事业单位转为环保部派出行政机构，且承担"中央环保督察有关工作"职能，即配合中央开展常态化生态环境保护督察工作。罗三保等（2019）研究发现，该举措进一步提升了区域环保督察机构的执法地位与权威性。2019 年，《中央生态环境保护督察工作规定》的印发标志着央—地两级生态环保督察体制正式落实。2021 年，《生态环境保护专项督察办法》要求"持续深化专项督察实践，推动中央生态环境保护督察向纵深发展"。至此，我国环境保护督察制度建设与环保"督政"体系构建已取得突破性进展。

第二节　文献述评与理论分析

一　环境规制与"竞次"理论相关研究

在地方政府竞争的背景下，环境规制的普遍弱化源自两个因素：一是地区资本竞争，二是跨界污染问题。低收入国家为了吸引外国投资，倾向于维持较低的环境规制水平（Wang and Wheeler，2005）；而高收入国家为了吸引资本回流则竞相降低环境规制水平（Konisky，2007）；环境规制竞相降低将导致各国生态环境的普遍恶化。Fredriksson 和 Millimet（2002）比较了美国各州环境规制及其环境后果，指出降低辖区企业经营成本是放松环境规制的主要原因。相比于其他政策和规制，环境规制更易引发"竞次"行为（Race to the Bottom）。环境污染具有外部性，往往能够在地区之间传递（Hossein and Kaneko，2013；许和连和邓玉萍，2014），于是地方政府有动机向周边地区转移环境污染成本（Wilson，1996）。有研究表明，相邻城市间的经济集聚与环境污染存在交叉影响（张可和汪东芳，2014）；产业一体化加深了地区间经济发展与环境污染的空间联动性，使污染的空间溢出效应进一步凸显（马丽梅和张晓，2014）。

在以欧美国家为考察对象的经验研究中，鲜有文献发现支持"竞次"假说的证据（Oates and Portney，2003；Prakash and Potoski，2006）。地方政府竞争引发"竞次"现象的基本前提在于：首先，企业在进行投资决策时，会对地方性环境规制强度变化作出迅速反应；

其次，对于环境政策，毗邻区域间能够形成策略互动（Levinson，2003）。在现实中，由于受到竞选、商业游说等因素影响，地方政府在制定环境政策时经常进行策略性互动（Fredriksson and Millimet，2002）。但至少对部分企业而言，环境规制的遵循成本并非其核心成本（He，2006），因此进行企业迁移可能得不偿失（Frankel，2005）。此外，非政府组织、工会等外部因素也会使地区竞争对环境规制产生"竞优"结果（Zeng and Eastin，2011；郑思齐等，2013）。

大量文献探讨了我国环境规制实施过程中出现的"竞次"现象。在我国现行的财政分权与政治集权情形下，地方政府无须承担破坏环境的恶果，且有动机放宽环境规制执行力度，从而吸引企业投资入驻（王永钦等，2007；陶然等，2009）。上述情况将进一步加剧环境污染现象。亦有研究发现环境分权加剧了财政分权对环境保护的负向激励（祁毓等，2014）；地方政府管理者的政绩诉求是导致辖区环境污染事故频发的重要因素（于文超和何勤英，2013）；除非改革现行财政分权制度，否则当前所采取的各种节能减排手段难免事倍功半（黄国宾和周业安，2014）。在利用我国省级面板数据进行的考察中，有研究发现财政分权体制与地方政府环境治理投入呈负相关关系，也即财政分权加剧了环境污染（张克中等，2011；闫文娟和钟茂初，2012）。刘洁和李文（2013）研究表明，税负降低确实伴随工业废水、废气和废弃物等环境污染排放量的增加。从"政企合谋"的角度，梁平汉和高楠（2014）认为，地方领导任期越长，辖区法制环境越差，越有利于地方政府管理者与污染企业建立"人际网"和"关系网"。

地方政府在区域经济发展目标激励下，为实现吸引外资企业入驻目的，有动力不完全执行国家环境政策，甚至产生执行扭曲行为（朱平芳等，2011）。与其他企业相比，外企落户具备下述发展效益。

一是示范作用。政府行政服务效率、营商投资环境等"软环境"因素，日渐替代土地要素、基建设施等"硬环境"因素，成为吸引资本的关键所在（茹玉骢等，2010）。该趋势在当前招商引资竞争加剧情形下，表现得尤为明显。然而，"软环境"因素通常较为隐性，于非本地企业而言，其信息获取成本通常较高（Wang et al.，2013；邱斌等，2014）。此时，成功引进外企入驻无疑向其他企业传递出该地区投资环境良好、政府服务有效的信号（王凤荣和苗妙，2015）。

二是技术溢出作用。生产技术于驱动经济发展而言至关重要，而外资企业较之于其他企业，往往在技术水平与企业管理方面均具备领先优势（Yoo and Giroudb，2015；杨红丽和陈钊，2015）。因此，吸引外资在技术外溢方面的重要意义即在于，通过考察合作、人员流动等渠道，当地企业得以学习借鉴外资企业的先进生产管理措施（Baldwin et al.，2005；王班班和齐绍洲，2014）。盛斌和吕越（2012）发现，外商投资所引发的正向技术外溢效应，超过了其在产业结构效应和经济规模效应等方面所引致的负向影响。邓玉萍和许和连（2013）发现，外资企业还能够引进和扩散绿色环保技术，对于我国环境问题治理效率的提升将大有裨益。另外，外资企业入驻所引发的关联互动效应，能够扩增对产业链上游的中间产品需求，从而以间接方式推动上游企业生产规模扩张和生产技术提升（Nicolini and Resmin，2010；陈丰龙和徐康宁，2014）。

三是规模经济效益。例如，吸引大型外资企业入驻将助益地方政府构建全新产业链，并进一步引发辐射带动效应，促进产业集群式发展，最终实现本区域经济规模扩增（张会清和王剑，2012；Damijan et al.，2013）。区域间激烈的招商引资竞争，反而给予外资企业在入驻选址方面更为多样的选择（黄亚生，2011）。最终，上述因素使外企在与地方政府的谈判中处于有利地位，获得包括更为宽松的环境规制在内的诸多倾斜性政策（林立国和楼国强，2014）。

亦有研究发现了FDI流入的负面效应，例如区域工资收入水平降低（邵敏和黄玖立，2010）、环境污染问题加剧（张宇和蒋殿春，2014）等。Opper and Brehm（2007）指出，如果将地方政府管理者考核因素纳入考量，则较之于区域经济发展因素，政治关联因素将在政府管理者晋升仕途中发挥更大作用。而这将减弱地方政府吸引外资企业入驻的积极性。卢进勇等（2014）认为，FDI会导致工业废水排放增加，但对二氧化硫排放具有制约性。许和连和邓玉萍（2014）指出，吸引外资所带来的环境资源绩效，还与当地及毗邻地区的政府财政支出相关联。更有经验的地方政府管理者在决策时，会纳入区域整体发展因素以进行通盘考虑，因此就理论层面而言，暂时难以判定地方政府的异质性因素是否会导致地方环境规制执行对外企"网开一面"。

二 选择性环境规制执行的衍生路径

当前，我国环境规制中的选择性执行现象已引致了规制低效与规制失灵问题，由地方政府 GDP 竞赛所催生的环境"竞次"问题进一步恶化蔓延。"竞次"理论的立足点在于，地区竞争的压力迫使地方政府为了招商引资而放松环境规制力度，进而导致辖区环境恶化。而选择性环境规制行为则是区域竞争压力下中央政府、地方各层级政府与企业之间"恶性"互动的结果，其内在逻辑可从以下三方面进行阐释：

首先，央—地政府之间的目标不一致，地方政府对兼顾经济发展与环境治理的意愿与能动性较为匮乏。鉴于我国经济分权与政治治理的垂直体制，中央对地方政府管理者具有直接任免权，且政府管理者考核体系长期以 GDP 为核心指标。而执行严格的环境标准会影响辖区企业的生产经营活动，不利于 GDP 与财政收入增长。因此，地方政府有动机以松懈环境管制、牺牲环境保护为代价实现经济发展，其发展理念尚未得到根本性扭转。在"保增长"和"减排放"的双重压力下，地方政府管理者通常不会全面贯彻中央环境治理意愿，而是倾向于采取机会主义行为，有选择地执行相关环境政策。尽管近年来，中央已将环境绩效纳入地方政府管理者考核体系，但地方各级政府间出于政治与经济利益考量，很可能存在"共谋"现象，而信息不对称问题将进一步加深考核难度，致使生态政绩考核效果未达预期。

其次，在环保管理体制中地方政府对地方环保部门构成制约，是导致我国环境规制执行低效的重要原因。在我国现行环保管理体系中，负责日常性环境规制管理事务的各地环保部门，在财政预算与人事安排等重要方面均受制于地方政府。而地方环保部门与地方政府之间，往往存在相互冲突且难以协调的目标。因此，地方环保部门通常会采取折中策略，既不妨害地方政府 GDP 目标，又能够积极改善环境质量而凸显部门政绩。而这将导致环境规制难以得到完全有效执行，甚至沦为地方政府争夺流动性资源的工具。此外，环境污染往往具有跨域流动特征，而地方政府仅对其管辖区域内的环境问题承担职责，从而限制环境问题治理的整体效果。

最后，地方环保部门在具体规制执法过程中仍享有一定的自由裁量权，致使环境规制执行效率越发难以得到有效保障。鉴于环境治理问题的复杂性，中央在制定环境政策时往往无法面面俱到。环境规制的最终执行效果仍部分有赖于地方环保部门的自主、灵活执法。一方面，这有利于地方环保部门依据区域经济水平与污染问题特征，开展有针对性的环境治理活动。另一方面，这也极易引发环境规制执行偏差，如恶化政企之间的污染治理博弈。同时，在公共选择理论视角下，地方环保部门虽是同级政府的组成机构，但仍有其独立的部门利益。放松环境规制带来的收益主要由同级政府主要领导获得，但由此引致的环境风险责任方却是由地方环保部门承担。这意味着，地方环保部门有动机采取选择性环境规制行为，以确保实现部门利益。

在环境规制执行的作用路径上，企业与地方政府始终是两大重要角色。作为市场运行主体与环境规制执行主体，企业与地方政府面对环境规制的行为反应将为考察我国选择性环境规制问题提供直观而独特的视角。鉴于此，本书后续章节将进一步从政企互动角度探讨选择性环境规制的经济后果与治理对策。

三　选择性环境规制的微观经济后果

（一）选择性环境规制对企业投融资的影响分析

1. 基于实体企业金融化视角

已有研究证实，环境规制会显著地影响企业财务决策行为。经营方面，环境规制促使企业对其造成的环境损害进行补偿，此类额外支出会提高企业生产成本，加重企业经营负担，降低企业实体领域利润率（Palmer et al.，1995）。投资方面，环境规制一方面能够促进企业扩大绿色投资，购买清洁高效的生产设备和污染处理系统（张济建等，2016）；另一方面能够激发企业创新，扩大研发资金投入，推动生产技术绿色化（蒋为，2015）。融资方面，在环境规制政策导向下，金融机构会减少对高污染高排放企业的信贷资金投放，以规避该类企业潜在的环境风险，从而强化污染企业面临的外部融资约束。面对日益趋紧的环境规制政策，重污染企业往往会积极调整自身行为决策，以更好地应对环境规制带来的潜在威胁。

本书认为，环境规制主要通过作用于资本逐利动机与环境权变动机影响企业金融化。其中，资本逐利动机是指企业在非绿色转型条件下，出于生存获利目的，积极开展金融化投资的行为动因；环境权变动机是指企业为应对外部环境约束，致力于主业长期发展，通过消耗存量金融资产为绿色转型提供资金支持，从而减少金融化投资的行为动因。

新古典经济学认为，环境治理投入抬升了企业的经营成本，损害企业实体领域盈利状况。受绩效考核短期导向以及撤换风险的影响，管理层高度关注企业短期利润目标的实现。此时，金融投资低成本、高收益的特点高度契合实体企业追求短期获利的需求。金融化现象正是企业资本逐利天性的本质体现，反映了实体企业投资决策中新兴金融领域投资对传统实体领域投资的替代，属于企业投资偏好的一种转变（张成思，2019）。投资替代理论提出，企业金融化的目的是追求利润最大化，行业间收益率的变动是导致实体企业开展金融投资的重要驱动力（Orhangazi，2008；Demir，2009；张成思和郑宁，2020）。遵循前述理论逻辑，环境规制对企业实体领域获利能力的负面影响是推动企业扩张金融投资的重要动因。

与此同时，"蓄水池"理论认为，预防未来现金流不确定性，防范破产风险也是企业金融化上升的重要动因（步晓宁等，2020）。在信息不对称条件下，微观企业会依据当期环境规制强度的调整形成对未来环境规制变动趋势的预期。面对日趋严苛的环境规制，污染企业预期未来现金流受环境规制调整趋势影响而波动加剧，从而倾向于增加金融投资，为应对未来融资约束和生存风险提供"蓄水池"。从广义范畴看，环境规制约束下，企业受"蓄水池"动因驱动而提升企业金融化水平的行为，仍属于在非绿色转型条件下，企业提升金融化水平以应对未来环境政策变动引致的现金流波动风险，最终实现生存发展的讨论范畴。因此，无论是依据投资替代理论还是"蓄水池"理论，环境规制都将对企业金融化产生强化效应。

　　环境权变动机是环境规制影响企业金融化的另一个方面。依循组织合法性观点，企业行为受到外部政策和相关法律法规的约束，企业的经营发展应与政府引导方向保持一致，以获取和强化自身合法性。面对日益严苛的环境规制，企业如果不加大环保投资力度、提升环境技术水平，长期看将面临较大的经营风险。基于主业长期发展考量，在环境规制约束下，企业会积极开展绿色转型。在资金需求方面，环境规制下企业污染治理以及技术绿色转型都需要大量前期投资，从而产生短期高额资金需求。资金供给方面，在严苛的环境规制政策下，金融机构为规避因环境问题衍生的信贷风险，往往会选择缩减贷款规模或提高借贷成本，令企业尤其是重污染企业信贷融资难度上升。同时，环境规制带来的政策风险也会向资本市场传导，削弱投资者对污染企业的投资信心，致使公司股价表现不佳，企业股权融资难度随之上升。因此，环境规制强度上升一方面会对企业外部融资能力产生不利影响，恶化资金短缺问题；另一方面致力于主业发展的企业又需要大量资金实施绿色转型。在这种情况下，资金缺口将迫使企业出售部分或全部所持有的金融资产，以获取足够资金确保绿色转型顺利开展，从而降低企业金融化水平。因此，依循环境权变动机的行为逻辑，环境规制会对企业金融化产生弱化效应。

　　基于上述分析，本书认为在环境规制变动环境下，企业金融化决策同时受资本逐利动机和环境权变动机两方面的影响，环境规制对企业金融化的整体效应最终取决于何种行为动机占据主导地位。当资本逐利动机更强烈时，企业更倾向于将资金投入金融领域，并由此提升金融化水平；当环境权变动机更强烈时，企业更倾向于将资金投入环保治理等实体领域，并由此降低金融化水平。

　　2. 基于绿色信贷政策视角

　　推行绿色信贷是基于防范信贷风险的需要，也是实现经济可持续发展的必由之路。我国当前的环境形势日益严峻，部分区域环境违法现象越发突出。同时，由污染企业关停所引致的信贷风险持续扩大，进一步对国民经济与社会稳定发展构成严重威胁。推行绿色信贷体现了银行社会责任意识的提高，有助于取得国际社会和同业的认可，提升银行的国际竞争力（蔡海静，2013）。在新常态下，商业银行推行绿色信贷，真正实现"寓义于利"，有助于提高银行核心竞争力，使银行获取丰厚"绿色利润"的同时，还能够提高银行环境风险的管理能力（Aintablian，2007）。绿色信贷对于整体经济的可持续发展亦有显著促进作用，从微观上看，可以引导资金投向有利于环保的企业，促进实体经济的可持续发展；从宏观上看，可以促进绿色产业发展与地区经济增长。同时，绿色信贷还能在城市规划中起到关键性作用，推动建立绿色可持续发展城市。

目前，我国加入赤道原则的银行尚未构成多数，但在绿色信贷政策推行后，我国银行类金融机构也越发重视践行社会责任。截至2017年6月，我国21家主要银行机构的绿色贷款余额已达8.29万亿元。绿色信贷政策具有双重意义，它除了提倡对循环经济、环境保护和节能减排技术改造项目的信贷支持之外，还要求银行严格控制对"两高"行业的信贷投放。郭丽（2007）研究发现，银行等金融机构主动执行绿色信贷政策可以向利益相关者表明其环境保护作为，助益树立良好的社会形象。譬如，汇丰银行积极进行赤道原则实践，拒绝向污染企业投放信贷资金，主动参与、捐助一系列环保项目，如与世界自然基金会（WWF）共同开展的长江项目合作，从而为减少碳排放、优化环境质量的环保事业做出贡献，由此提升自身环境声誉。在绿色信贷政策推行之后，银行通常会更加谨慎地对待"两高"企业，因为潜在的环境违规风险增加了企业无力偿还债务的可能性。考虑到自身利益和社会责任，银行将控制对污染企业的贷款投放量，"两高"企业获取新增银行借款的难度将会加大。笔者推测，2007年我国推出的重大绿色信贷政策，应该对遏制"两高"企业的新增银行贷款发挥了积极作用，即推行绿色信贷政策后，"两高"企业所获得的新增银行借款可能有所下降。

绿色信贷政策作为一种正式制度，其运转过程由制定和实施两个部分组成。在实现政策目标的过程中，方案确定的功能仅占10%，其余90%均取决于是否有效执行（陈振明，2003）。在政策制定方面，中国并未落后于其他国家，但却存在严重的政策执行不力问题（Allen et al.，2005）。不充分的环境信息、不完善的配套政策和法律，不同行业之间不明确的实施标准以及地方保护主义被认为是推进绿色信贷政策的主要障碍（Aizawa and Yang，2010）。

银行等金融机构是绿色信贷政策的执行主体，对其而言，贯彻执行绿色信贷政策有利于长远发展。但实际上，由于存在较高的执行成本，银行在执行绿色信贷政策时积极性可能并不高。其原因在于：一方面，缩减对"两高"企业的信贷投放意味着银行需要放弃一部分利润来源，自身市场份额将受到影响，并且"两高"企业对银行借款的依赖程度较高，银行一旦缩紧对其信贷支持，部分项目可能会因此停工，造成银行贷款无法收回；另一方面，银行在评判借款企业环境污染状况的过程中还要付出额外成本，在利润最大化目标下，银行会在短期利益与长期利益之间进行权衡，有可能导致绿色信贷政策执行不力，也即推行绿色信贷政策后，"两高"企业所获得的新增银行借款可能并未明显减少。

某一地区内企业的环境表现在很大程度上决定了当地的环境质量。我国目前绝大多数污染排放物源于工业企业，该类企业是绝大多数污染物的直接生产者（沈洪涛，2017）。事实上，企业在生产过程中对外部环境造成负面影响却未给予补偿，即产生了生产的外部不经济。"两高"行业的快速扩张，致使工业废水、废气排放量不断增加，由此加剧了环境恶化，给环境带来了负外部性。经济学理论解决负外部性的常见方法包括税收和明确产权，即通过向外部不经济的厂商征收恰好等于外部边际成本的税收，或者根据科斯定理明确产权。但是前者很难以货币形式衡量外部性成本，后者在现实情况下交易成本不可能为零。绿色信贷的推行要求银行在信贷活动中，把符合环境检测标准作为信贷审批的重要前提，提高了"两高"企业的借款门槛，本质上可以将其视为一种促进环保的宏观经济政策工具，以经济杠杆引导环保，从而将企业的环境污染成本内部化。

绿色信贷政策可以通过两种途径对环境保护产生影响。一是通过绿色信贷政策直接限制银行信贷资金流向"两高"企业，遏制"两高"行业的发展，同时增加资金流入环保、节能减排技术改造项目，进而控制污染物的排放，此即绿色信贷发挥作用的直接途径；二是银行在信贷审批中加强对企业环境保护的关注度，提高了企业向银行借款的门槛，向"两高"企业传递出负面信号，影响其生产经营决策和资源配置，激发其节能减排的需求，此即绿色信贷发挥作用的间接途径。据此推测，绿色信贷政策的推行或许可以降低"两高"企业的污染排放，提升城市环境问题治理水平。

值得注意的是，在绿色信贷政策的初步实施阶段，商业银行中往往会存在边际成本上升的情形。短期内成本升高，风险扩大且回报降低，导致银行无法获得更多利润而不严格执行绿色信贷政策（马萍和姜海峰，2009）。对于企业而言，经理人出于自身利益考量，可能会选择高成本借贷，投资高污染项目，未必一定会通过减少排污来迎合银行需求。综合而言，政策效果可能不明显，也即绿色信贷政策的推行也许并未降低"两高"企业的污染排放。

3. 基于企业环保投资视角

经济政策不确定性能够通过融资约束与预防性现金储蓄两个方面影响企业的投资可配置资金。一方面，经济政策不确定性降低了企业资金供给，提高了企业融资成本。从债务融资角度分析，经济政策不确定性会提高金融体系的系统风险，银行为了降低借贷风险，会选择缩减贷款规模或提高借贷成本（Baum，C. F. et al.，2009）。从权益融资角度分析，经济政策不确定性上升会提高股票价格波动性，投资者受到经济政策噪声信号的影响，难以准确预测企业前景，从而选择减少投资。此外，当经济政策不确定性提高时，企业获得的商业信用规模也有缩小趋势。另一方面，经济政策不确定性增强了企业预防性储蓄动机。经济政策不确定性上升致使未来市场需求存在不确定性，企业难以准确预测未来现金流。为了应对可能存在的流动性短缺问题，企业倾向于持有更多现金。与经营性固定资产、研发创新和金融资产等方面的投资相比，环保投资对优化企业绩效的作用更为间接且存在一定滞后性（赵红和扈晓影，2010）。加之我国企业普遍缺乏污染治理的积极性，环保投资更多的是为了应对环保政策与政府监管的需要而非自愿行为。因此，当企业投资可配置资金减少时，管理层倾向于减少污染治理支出，将有限的资金投向经营性固定资产、研发创新与金融资产等方面。

当经济政策不确定性提高时，企业所面临的外部环境风险上升，且该风险为企业自身无法避免的系统风险。因此，企业只能通过降低其他风险与提高风险应对能力来弱化经济政策不确定性上升对企业造成的不利影响，保证自身长期稳定发展（饶品贵和徐子慧，2017）。而加大环保投入一方面能够降低企业潜在的环境违规风险，另一方面又能够形成声誉保险效应。从环境违规风险视角分析，重污染企业因高污染高排放的行业特性，在环境治理中首当其冲被列为重点整改对象，环境违规概率与违规成本均较高。基于这一现状，经济政策不确定性上升引致的企业外部风险会与环境违规风险形成风险叠加，对企业生存与发展造成严重威胁。企业购入环保设备与革新环保技术以提升绿色生产水平，能够减少污染的产生与排放，满足政府制定的环保标准。因此，企业增加环保投资能够降低环境违约风险，有效避免风险叠加带来的双重威胁。从声誉保险效应视角分析，环保投资披露有助于企业在投资者心目中形成良好形象，当企业受到负面事件威胁时发挥类似保险的作用。因此，当经济政策不确定性上升时，环保投资披露形成的声誉保险效应，可以降低不确定事件对投资者的冲击影响，提高企业的风险应对能力（宋献中等，2017）。

（二）选择性环境规制对公司治理的影响分析

1. 环境规制、董事会独立性与碳信息披露

根据外部性理论，所谓外部性即是指，某个经济主体的行为对另一经济主体造成了无须得到补偿或无须进行支付的相关影响。企业作为一个经济主体，其正外部性主要是推动国家的经济增长、促进就业，而负外部性则可能是对环境带来负面影响。结合庇古税与科斯社会成本理论的观点，仅仅依靠行政手段，无法从根本上解决企业负外部性问题，必须采用经济政策，促使企业自身承担保护环境责任，即著名的"负外部性内部化"。如环境保护税的开征就有利于企业积极

主动地解决环境问题以实现社会效益最大化的目标。事实上，市场方式中碳排放权等交易即属于科斯定理的运用。

环境交易直接来自科斯社会成本理论，"社会成本"一词由经济学家庇古在分析外部性侵害时率先提出，社会成本是产品生产的私人成本和生产外部性给社会带来的额外成本之和。科斯论证了在产权明确的前提下，市场交易即使在出现社会成本（外部性）的场合也同样有效。排污权交易起源于美国，美国经济学家 Dales 于 1968 年最先提出排污权交易理论。排污权、碳排放权、用能权、用水权也属于财产权，能够在市场进行交易。在节能减排的大背景下，企业或多或少会开展节能减排行动。虽然碳信息披露属于自愿性披露，但较多研究表明碳信息披露能为企业带来正面效应，因此许多企业选择披露碳排放信息。

依据波特假说，设计适当的环境规制将促发企业技术创新活动，并通过提升企业生产能力与盈利水平的方式，弥补环境规制所引发的环境遵循成本。依循此逻辑，在环境规制强度由轻转重时期，企业会出于合规性、利益性的考虑，加强碳信息披露，从而获得资本市场的积极信号；但当环保成本超过由环境规制带来的收益时，企业盈利能力会降低，此时企业出于自身利益考虑，会通过降低碳信息披露质量向利益相关者传递信号，即企业并未由于环境规制而导致利润减少。而政府通常会采取环境规制手段，优化社会资源配置、扭转市场失灵趋势。而依循公共利益理论，政府将通过推动企业披露碳信息等方式，弥补信息不对称现象，从而满足社会公众利益。低环境规制强度下，企业碳信息披露成本较低、收益较高，从而促使企业碳信息披露质量提升。而高环境规制强度下的情形则相反，从而使企业有动力降低碳信息披露质量以提高自身收益，甚至不惜接受行政处罚。因此，规制强度会影响企业碳信息披露的内容和质量，导致企业实际的碳排放信息、投资者所了解的碳排放信息、向公众披露的碳排放信息存在一定差异，从而造成企业和投资者、公众之间信息不对称。据此推测，随着环境规制强度增大，企业碳信息披露水平不断上升，但过强的环境规制又会导致企业不愿意披露过多碳信息，即两者存在倒

"U"形关系。

与此同时，当环境政策不变、环境污染治理技术水平一定时，环保监督管理的成效取决于环境规制执行效果。在针对我国现有七大碳排放权交易市场所开展的减排成效评估中，研究表明在管理对象具有减排潜力的情况下，如果配额总量供给低于碳排放需求，碳交易机制能有效发挥促进减排的作用（王文军等，2018）。独立董事制度是监督经理业绩和防止机会主义行为的强有力机制（Fama，1983），独立董事在分析公司管理和行为时表现出更高的客观性和独立性（Ibrahim，1995）。李维安和徐建（2014）用独立董事比例（上市公司独立董事人数与董事会总人数的比值）来表示董事会独立性。谭劲松（2013）认为，董事会保持独立性最简单的方法是让独立董事在董事会中拥有多数席位。许文强和唐建新（2016）从独立董事在董事会中所占比例、独立董事工作地与上市公司注册地是否一致以及董事长与总经理是否两职合一这三方面来考察董事会独立性。乐菲菲和张金涛（2018）研究发现，身为政府管理者的独立董事的辞职将显著负向影响企业创新效率，且该影响在民营制造企业中表现得更为明显。综上所述，非政府管理者独立董事能够加强环境规制强度与企业碳信息披露之间的倒"U"形关系。董事会独立性越高，环境规制强度与碳信息披露之间的倒"U"形曲线开口越窄；董事会独立性越低，环境规制强度与碳信息披露之间的倒"U"形曲线开口越宽。据此推测，董事会独立性能够使环境规制强度对碳信息披露的影响增强。

2. 环境规制、董事会秘书特征与环境信息披露

根据高阶梯队理论，管理者的认知、价值观、偏好及经历等特质与企业战略决策紧密相关。董事会秘书作为上市公司信息披露的主要负责人，是联结企业与市场的重要枢纽，在企业日常经营过程中，面临着双重工作压力。董事会秘书一方面要承受来自企业内部的压力，另一方面要承受来自外部对企业环境信息披露质量的监管压力。换言之，董事会秘书在任职期间若严格按照信息披露规则履行职责，很可能导致部分高管人员利益受损，引发其不满情绪，但反之又可能会违反信息披露规定。因此，新任董事会秘书由于缺乏经验和威信，在企

业信息披露方面通常难以平衡内部压力和外部监管。在企业披露环境信息过程中，尽管传播中介、接受者认知等均会对环境信息传递效果产生影响，但是披露者（董事会秘书）作为传播链起点，其职责履行情况会对环境信息披露质量产生最为直接的影响。董事会秘书的长期任职会让其更好地掌握信息披露工作开展程序，促使高管成员之间达成共识，采取更适宜公司长期发展和满足投资者环境需求的政策。更重要的是，随着董事会秘书任期的延长，其社会资本会日益丰富，有远见的董事会秘书往往会做出更积极符合政府要求和公众利益的行为，降低环境诉讼的可能性，并以此获得良好声誉，而不会以自身名誉为代价选择铤而走险。因此，与短期在职的董事会秘书相比，长期在职者规范和监督企业环境信息披露质量的动机更强，更愿意采取自愿披露的态度且披露水平更高。据此推测，董事会秘书任期与企业环境信息披露质量呈正相关关系。

近年来，随着经济全球化进程的不断深入，海外先进人力资本的优势越发凸显，具有海外背景的高管日益成为资本市场上不可忽视的重要角色。然而，有关此类高管对于公司治理的影响，学界目前尚未达成一致定论。这可能是由于研究者使用的公司治理评价方法不相一致，所设定的指标或样本选择等方面存在差异。但在社会责任方面，多数学者认为，具有海外经历的高管受西方社会责任教育的影响，会更加理解社会责任的重要性，且具备更强的社会责任意识，从而对环境信息披露质量产生积极影响。长久以来，发达国家在社会责任及环境责任方面都处于领先地位。首先，在资本市场方面，西方国家率先制定了企业环境责任的国家战略，且从 20 世纪中叶起，逐渐以立法形式完善了企业环境责任相关制度，提高公众对企业社会环境责任的感知程度，营造出全社会重视环境责任的良好氛围；其次，在教育方面，欧美等发达国家的环境责任教育体系更为成熟和规范，环境责任观念深入人心。文雯等（2017）的研究证实了这一观点，发现相对于无海外背景高管的企业，拥有海外背景高管的企业社会责任质量更高。综观现有文献，有关董事会秘书经历的研究主要集中于财务方面。董事会秘书具有财务专业经历可以提高企业的盈余信息质量，且在其素质较高时，财务经历发挥的作用更大。在企业 IPO 进程方面，具有财务专业经验的董事会秘书有助于提高企业的 IPO 成功率和加速 IPO 进度。然而，鲜有文献探讨董事会秘书的其他经历，因此其海外经历不失为一个创新的研究切入点。根据烙印理论，高管个体在海外的生活可被视作一段重要人生经历，会给个体带来"印记"，进而对其以后的生活和工作产生极大影响。具有海外经历的董事会秘书一方面对海外环境信息披露制度文化有着切身体会，进而影响其对于环境责任方面的价值观和认知框架；另一方面，具有海外背景的董事会秘书对于海外企业的运作模式和企业社会环境责任的实践方式会更加熟悉，更加认同企业环境责任理念，更能将海外企业的先进管理理念和企业价值观运用于我国企业管理实践，提升其所在公司的企业环境信息披露质量。因此整体而言，董事会秘书的海外经历能够通过烙印效应令其产生较为积极的环保理念，从而促使其任职企业的环境信息披露质量得到明显提高，也即董事会秘书的国际化背景可能有助于提高企业环境信息披露质量。

基于上述分析，本书认为董事会秘书为达成多项指标和满足自身需求，会在财务绩效表现欠佳时倾向于披露更多环境信息。财务绩效的调节作用不仅可以通过理论得以验证，而且从我国证券市场的上市公司信息披露实践来看，其作用也可以得到部分证实。例如，从披露时间来看，按照规定在每年年初的信息披露工作中，年报披露时间是每年的 4 月 30 日之前，而社会环境责任报告披露的时间并未被明确规定。因此，董事会秘书有机会选择在不利的经营情形下实施信息披露管理，通过披露高质量的环境信息来获得投资者、公众的信赖。综上所述，董事会秘书可能会有选择性地进行环境信息披露，即当财务绩效表现不尽如人意时，其将更倾向于披露及时、充分和准确的企业环境信息。据此推测，财务业绩可能将负向调节董事会秘书任期、董事会秘书国际化背景与环境信息披露质量的关系。

3. 环境规制、行业异质性与内部人减持

在股票市场中，普遍存在信息不对称的情况，尤其是上市公司内部高管及大股东与公司外部投资者之间，信息掌握处于明显的不对称状态。相对于外部投资者而言，公司内部人主要存在两种信息获取优势：一是提前获取关键的内幕消息，二是凭借对公司日常运营情况的掌握，对公司价值和业绩前景做出更准确的判断。上市公司内部人利用该种信息优势，形成关于公司的独特价值判断，此即内部人获取超额收益的根源所在。需要指出的是，利用内幕消息获利已被法律明令禁止，但内部人借助较为全面的财务信息和职业判断能力对公司未来价值和股票走势进行合理判断，并正确选择交易时机进而获利则完全合法。因此，上市公司内部人在获得利空消息后，会倾向于提前进行股票减持以规避潜在损失（Myers and Majluf，2001；朱茶芬等，2010）。新古典经济学理论认为，环境规制迫使企业投入资金进行生产线环保升级并缴纳排放罚款。当企业面对的市场需求不变、技术水平一定时，环境保护投入提升将打破以往生产经营中的收支平衡，从而挤占企业资金，降低企业生产率和利润率。因此，环境规制会在短期内损害财务绩效（Christainsen and Haveman，1981；叶红雨和王圣浩，2017）。此外，Snyder（2003）指出，环境规制政策的存在迫使企业开展环保技术研发以满足相关法律要求，额外费用会导致企业生产总成本的增加，进而影响企业经济效益。柯文岚等（2011）考察了环境规制影响企业生产经营、技术改进等方面的作用路径，并检验了环境规制影响产业绩效的整体效果，发现在短期内，环境规制对山西煤炭采选业绩效具有直接负效应影响。上述研究均证实了新古典经济学理论关于环境规制效应的观点，即环境规制会损害企业财务业绩。根据信号传递理论，上市公司财务业绩下滑信号会向股票市场反映利空信息。而具有信息优势的内部人，可以在第一时间预测并获知相关政策对企业价值与公司股价的潜在影响，故而在环境规制水平较高的情况下，更倾向于出售股票变现，以此减少因股价下滑带来的预期损失。虽然波特假说认为合理的环境规制能够促进公司在生产工艺等方面进行技术创新，由此产生的激励作用，会弥补甚至超出环境规制带来的经济损失，使产业绩效得到提升。但是，创新投入带来的产业绩效提升存在明显滞后效应，且技术创新蕴含的高度风险令技术创新改善企业环境绩效、提升企业业绩表现存在较大不确定性（颉茂华等，

2014)。与此同时，行为金融理论认为，投资者存在短视的损失厌恶（吴战篪和李素银，2012）。因此，仍然可以合理推断，在预测到股价有可能下跌时，上市公司高管和大股东会倾向于抛售股票变现以规避风险。据此推测，环境规制强度与内部人减持规模可能呈正相关关系。

　　既有环境规制研究中的行业异质性通常特指不同行业上市公司的污染程度差异。本书借鉴沈能（2012）、刘金林和冉茂盛（2015）、李梦洁（2016）等学者的研究思路，从行业异质性这一视角出发，探究其对环境规制与内部人减持规模关系的影响。不同行业在生产要素特性、资源密集程度、生产工艺等方面存在差异，最终导致了不同行业环境污染程度的差异。环境规制对上市公司的影响与其所在行业特性有着紧密关系，这一影响主要是由不同行业对环境规制法律法规的敏感程度差异所造成。非重污染行业的上市公司环境污染程度较低或接近零污染，故而此类行业的上市公司对环境规制政策的敏感程度较低或几乎不受影响，环境规制对公司财务业绩的影响相对有限，因此对内部人减持意愿无明显影响。而重污染企业作为受环境规制政策约束的主体，环境规制对其企业运营成本、融资活动等影响相对更大，从而强化内部人减持意愿。国外相关研究表明，环境规制对公司的影响还受行业污染特性调节。Cohen 等（2003）发现，环保技术创新在美国高污染程度的制造业行业中受环境规制的影响程度更高，对较低污染水平公司影响较小或不明显。Ford 等（2014）认为，环境规制能促进企业创新，在石油天然气行业尤为明显。在国内也有学者得出类似结论，沈能（2012）认为，不同行业的环境绩效对于环境规制强度的弹性系数和极值存在差异，重污染行业吸收环境规制不利影响的能力较差。王锋正和郭晓川（2016）认为，环境规制之所以能促进工业行业研发的进行，主要是源自对重污染行业的规制行为，因此政府应该以工业行业分类为基础，重点关注污染密集型行业的环境规制。上述研究均表明，环境规制在不同污染程度的企业中具有不同的调节效应。多数情况下，环境规制对高污染程度行业的企业造成的影响效果要相对明显。据此推测，与其他行业企业相比，环境规制强度对重污染行业企业内部人减持规模可能具有更强的负向影响。

四　选择性环境规制矫正机制分析

（一）环保督察制度建设与政府管理者考核体系

我国选择性环境规制问题的改善和规制失灵现象的纠正，与我国的环境规制体系架构密切相关。韩超（2014）指出，环境规制失灵问题的根源看似在于规制本身的设置，实则是隐于其后的制度体系缺陷。最为典型的缺陷之一是独立性缺失，也即环境规制显著受经济发展约束，地方环保部门行为则受制于地方政府。

在现行环境治理架构中，负责日常性环境规制管理事务的各地环保部门，接受上级环保部门和同级政府的"双重领导"。地方环保部门的职责涵盖环保制度建设、环境监督、污染物排放监管等，地方政府则掌管其资金安排、人员任免等事项，也即地方环保部门在经费、人事等重要方面均受制于地方政府。由于地方政府目标的多重性与多样性，环境规制的制定与执行往往将受到行政管理部门的干预、干扰。当前，我国生态环境工作力度持续增强，环境考核指标层层加码，加之环境问题治理本身的复杂性，地方政府目标函数将更为繁复。此外，环境污染往往具有跨域流动特征，而地方政府仅对其管辖区域内的环境问题承担职责，从而对环境问题治理的整体效果构成限制。显然，按行政区划防治污染已对化解跨域环境争端形成阻碍（魏娜和孟庆国，2018）。同时，在"保增长"和"减排放"的双重压力下，地方政府往往采取机会主义行为，对普遍性环境违法行为进行选择性执法，最终导致生态环境的整体恶化。环境规制的有效实施有赖于中央政府的治理意愿，更取决于地方政府和环保部门基于政治和经济利益的考量（Tilt，2007）。中央对地方政府管理者的直接任免权以及以 GDP 为核心指标的政府管理者考核体系，使地方政府有动机以松懈环境管制、牺牲环境保护为代价实现经济发展。为匡正地方政府竞争行为，改革地方政府管理者考核体系已是势在必行。

对于矫正选择性环境规制问题，本书认为，根本性的解决办法，或许在于重新调整地方政府与环境规制部门的权力架构，将后者从前者的掌控中分离出去，方能避免地方环保部门为向地方政府目标妥协而导致规制低效、失灵现象。为保障环境规制独立性，地方政府行为应被纳入环境规制体系（韩超等，2016）。中央已于2007年将环保法律法规实施情况、污染排放强度、环保质量变化和公众满意程度四项环保指标列入政府管理者政绩考核体系。《中共中央关于全面深化改革若干重大问题的决定》明确要求扭转地方政府管理者考核体系当中以经济增长速度为唯一衡量核心的倾向，并取消对相应地区开展GDP考核，包括生态环境较为脆弱的国家扶贫开发工作重点县以及限制开发区域。我国区域环保督察制度的变迁，亦是通过拓宽环保监察机构职能权限，加强对地方政府环境治理的监管，以更好协调环保机构与地方政府间的关系（陈晓红等，2020）。

此外，环境保护约谈作为一种柔性行政执法手段，通过与环保责任履职不当的地方政府或企业依法进行告诫谈话并督促整改，能够形成较好的监督警示"软约束"。鉴于环保约谈制度与环保督察制度的环境治理机制较为相似，本书不再详细展开阐述。针对我国当前环保管理制度改革进展与环境污染治理形势，为进一步改善我国选择性环境规制问题，本书提出如下预期：通过推进落实环保垂直管理制度改革、自然资源离任审计、将环境绩效纳入政府管理者考评体系等措施，加强中央对地方环境治理的顶层设计和行政干预力度，地方政府环境治理的外部约束机制将进一步增强，从而引导环境规制向完全执行方向推进。

（二）环境立法与环境规制工具设置

鉴于环境问题治理的复杂性、综合性与专业技术性，环境规制如何依据各地环境问题特征而实现"因地制宜"治理，以应对环境治理的构建性、价值性等需求，是环境规制革新中的一项重要议题。这便需要中央政府加强顶层环境法制设计，提高环境立法质量，完善我国生态环境法制建设。同时，这也有赖于地方政府根据区域经济产业特性，有针对性地采取恰当的执行手段与执行力度。命令型环境风险规制往往无法破解环境执法中的不确定性、复杂性带来的法律困境（布雷耶，2008）。激励型环境风险规制中的财、税、费等手段，仍是政府所构建而非内生于市场的自发机制，施行成本过高。对此，部分学者提出构建以风险规制民主主义范式为基础的"协商型环境规制模式",也即在环境规制中更加注重民主、参与、协商、沟通、合作和互动的功能作用,深化多元主体间的协商沟通、促进公共参与和社会认同(张骐,2003)。这一模式针对命令型与激励型环境规制中的专业壁垒、信息成本、参与度低等"瓶颈"进行改进与突破(卢超,2019),进一步要求完善在环境保护公共参与、环境保护约谈、生态环境损害赔偿磋商、环境污染第三方治理等方面的法律制度构建(张锋,2019)。另外,地方政府环境绩效考核也应力求透明公开,加强人大监督、社会评判、舆论监督等第三方监督体系建设。同时,鉴于部分环境问题涉及地域较广,区域间的环境合作必不可少。例如,张华(2014)发现,碳排放在各区域之间存在空间正相关性。对此,陈玉桥(2013)提出,针对跨区域环境污染问题与纠纷,可建立相应的跨境合作与补偿机制。

当前,我国生态文明制度体系建设已逐步深入经济、文化、社会等各个方面,力求落实于我国发展的全方位领域,而不再仅局限于单一的生态环境与资源保护目标。对此,多元化环境规制工具设置与环境规制相对应的配套体系建设,将进一步助力我国环境规制的全面、高效执行。然而,我国环境规制多采用行政强制手段,即中央颁布环境政策要求地方政府实施执行。行政手段存在其固有弊端,污染治理与经济增长之间的矛盾始终存在,地方政府难以完全追求环境绩效而忽略经济发展。实际施行中所存在的环境规制执行成本,仍可能造成经济损失、降低主体遵循意愿,限制、阻碍环境规制的完全执行。而经济引导手段则可以较好地弥补这一弊端。在地方政府层面,可通过财政转移支付、规制执行支出责任向上级政府转移及规制执行配套资金等手段(潘峰等,2014),降低地方政府的环境规制执行成本。在企业层面,可通过向企业提供环保技术支持、环境补贴等手段,降低企业环境污染治理成本,鼓励企业开展绿色技术创新。通过提高地方政府执行环境规制的预期收益,形成经济动力,将对推进我国环境规制体系落实大有裨益。对此,本书提出假设:通过采用行政强制与经济引导相结合,增强环境规制手段的多元化设置,有利于进一步改善选择性环境规制问题，助力实现经济稳定增长与环境有效治理的"双赢"格局。

(三) 环境权益交易市场

命令—控制型手段仍是环境规制中的主流方式，但其中也存在成本过高等诸多弊端。对此，可通过在传统环境规制手段中引入替代措施，以提升环境规制治理成效。而环境权益交易市场就能与传统环境规制形成良好的互补关系，它涵盖碳交易、碳源碳汇交易、排污权交易、垃圾排放权交易、污染许可证交易、环境使用权交易、环保技术与产品设备交易等多种形式，突出特征为在环境问题治理中引入经济手段与市场参与。广义的环境交易还包括环境金融衍生品市场、国际间环境合作与交易等。

科斯产权理论进一步催生了排放权交易制度。Montgomery (1972) 指出，在该项制度安排下，作为排放主体的企业得以通过市场交易，获取规定额度的污染排放权，实现减少碳排放、增加经济产出的双重目标。排放权交易制度也可理解为控制污染排放而衍生出的有限制的环境资源使用权。该项制度的提出者 Dales (1968) 指出，排放权交易能够使市场在环境资源配置中发挥充分、积极的作用，企业依据市场信号进行排放权交易决策，使边际减排成本近乎平摊地分配至各个排放主体，从而最小化整体减排成本，并进而达到治理污染与控制排放的帕累托最优。

碳排放权交易制度促使企业减排成本降低。在针对我国省际碳排放权交易机制的考察中，有研究发现该机制降低企业减排成本的程度达到23.44%左右（崔连标等，2013）。另外，碳排放权交易优于命令—控制型环境规制工具之处在于，企业能将多余的碳排放配额在碳排放权交易市场上出售并以此获取收益，从而通过市场机制激励企业开展减排活动。也即碳排放权交易政策实施后，作为碳排放主体的微观企业得以通过降低碳排放成本、开展碳交易等活动获取超额经济收益，最终实现财务绩效改善与利润水平提升。当前阶段，我国碳排放权交易市场总体交易额与整体交易量均稳步提升，而全国统一碳排放权交易市场也在逐步建立中。因此，在分配碳排放配额方面，各试点市场将采取更加严格的手段。而节能减排相关的环境规制趋严，将迫使企业运用管理手段减少生产经营活动中的能源耗用总量以及碳排放成本，例如改善升级生产工艺、购置节能减排设施等。另外，由于我国当前的企业碳信息披露制度尚未建设完善，总体披露量较少，因此上市公司详细披露碳信息将形成积极信号，产生"先动优势"，引发投资者关注度与投资意愿提升，并最终实现企业价值提升。对此，本书推测实施碳排放权交易政策能够有效提升企业价值，对企业发展产生正向作用。

第三节　本章小结

我国环境立法与治理效果之间的巨大落差已引起环境经济学和规制经济学界的高度关注，既有研究为我国环境规制的改善以及环境治理能力的提升提供了多元而有益的洞见。不过，当前专题探讨选择性环境规制的文献还相对较少，且无论是分析视角还是研究内容，都存在有待拓展的空间。上述研究从不同侧面阐释了环境规制的宏微观效应、环境规制工具设置、环境规制执行效果偏差与"竞次"理论等内容，为本书提供了理论基础、学术启发和有益借鉴，但仍存在以下不足：

第一，研究体系和对象尚需完善及精细化，对作为环境政策具体执行机构的地方环保部门，以及作为环境规制主要执行对象的地方企业，缺乏应有的重视。现有文献关于环境规制微观经济后果的讨论主要集中在产业绩效、技术创新等方面，研究视角存在一定局限性。尚有许多研究领域亟待补充和完善，譬如环境规制偏差执行下的公司管理层决策、环境信息披露等。对于环境规制影响下的企业投融资研究，也可进一步展开细分领域探究。

第二，需要对不同类型环境规制工具的执行效果展开考察，并深入探索针对我国环境规制差异化执行问题的矫正措施。我国近年来持续加快市场型环境规制工具设置与环境领域的经济政策建设，以弥补传统命令—控制型环境规制的固有弊端。这便需要基于我国情境与各类经济、环境数据，对相应政策展开深刻的量化分析，以探讨其宏微观影响。

第三，数据质量有待改进。现有文献仅有少量开始直接考察地区竞争与选择性环境规制的关系，但受限于环境规制微观企业层面数据的可得性，现有研究多采用加总后的宏观数据开展研究，难以验证其微观运行机制。这固然可以大致探讨不同类型企业面临的环境规制强度是否存在系统性差异，但显然难以据此推断其中的因果关系，也无从验证其得以发生的内在机制。因此，需要通过微观数据定量考察企业个体特征与环境政策之间的关系，以有效识别选择性环境规制行为模式。

第四章

环境规制驱动企业金融化的
制度逻辑及其经济后果

第一节 引言

近年来，在"绿水青山就是金山银山"理念的指引下，我国生态文明建设力度不断加强，环境规制政策趋紧态势日渐凸显。2020 年 9 月，习近平主席在联合国大会上提出了"2030 碳达峰、2060 碳中和"气候行动目标，我国"十四五"规划与 2035 年远景目标纲要将加快推动绿色低碳发展列入重点目标任务，进一步奠定了绿色发展在中国新时代发展中的主基调。与此同时，迅猛发展的金融市场为传统实体企业提供了新的投资方向。实体企业金融资产在总资产中的配置占比不断提升，利润积累对金融领域投资回报的依赖度明显增加。已有研究表明，过度金融化往往蕴含着诸多风险，将加剧经济脆弱性（张成思，2019）。面对经济"脱实向虚"的严峻局面，党的十九大报告明确指出，"必须把发展经济的着力点放在实体经济上，深化金融体制改革，增强金融服务实体经济能力"。

制度基础观认为，个体行为决策受其所处制度环境的形塑。环境规制作为一项重要的制度安排，无疑会对企业尤其是重污染企业的生产经营和投融资行为决策产生重要影响。现有文献从环保投资、企业创新等多方面对环境规制微观经济效应予以考察，但对环境规制与企业金融化两者间关联关系尚未给予充分关注。理论上，环境规制对企业金融化的影响存在两面性：一方面，环境规制产生的环境治理成本会对实体领域投资回报率产生负面影响（Palmer et al.，1995），改变实体领域与金融投资领域回报率间的相对差距，进而改变企业投资偏好，强化企业金融投资偏好。另一方面，环境规制可能会加重企业的污染治理压力，迫使企业在有限财务资源约束下，通过消耗金融资产开展绿色转型，以降低其面对的环境违规风险。遵循这一作用逻辑，环境规制的提升对实体企业金融化具有弱化效应。那么，环境规制究竟对实体企业金融化产生了何种影响？环境规制的强化是否构成实体企业金融化上升的制度动因？对上述问题的解答，不仅有助于拓展环境规制微观经济效应的理论认知，也对提升环境保护工作精准性与科学性，合理引导实体企业金融化行为提供政策启示。因此，立足环境规制日益严苛和实体企业"脱实向虚"现实背景，基于2012—2018年沪深两市A股重污染上市公司面板数据，本章节将深入探究环境规制对企业金融化的影响，并试图从以下两个方面对已有文献进行拓展：

第一，从企业金融化视角拓展环境规制经济后果领域研究。现有环境规制经济后果领域文献主要围绕环境规制的环境治理效果、环境规制与企业创新关系等议题展开探讨（孙钰鹏和苑泽明，2020；李青原和肖泽华，2020）。本章节从企业金融化角度丰富了环境规制经济后果相关研究，有助于更全面地认识和理解环境规制的相关经济后果。

第二，由环境规制入手阐释了实体企业金融化投资的制度逻辑。现有企业金融化动因相关研究主要从资本逐利、融资约束、高管特质等方面展开（张成思和张步昙，2016；周弘等，2020）。与本章节主题接近的是王书斌和徐盈之（2015）的研究，他们尝试基于地区层面考察了环境规制与企业金融投资偏好的关联关系，初步发现环境规制与企业金融投资间存在显著关联，但这一结论在微观层面仍有待进一步验证。针对既有研究的缺失，本章节深入分析环境规制与企业金融化间的关联关系，尝试从环境规制入手为企业金融化行为提供制度解释，以期深化对企业金融化行为动因的理解。

第二节 理论分析与研究假设

已有研究证实，环境规制将显著地影响企业财务决策行为。经营方面，环境规制促使企业对其造成的环境损害进行补偿，此类额外支出会提高企业生产成本，加重企业经营负担，降低企业实体领域利润率（Palmer et al.，1995）。投资方面，环境规制一方面能够促进企业扩大绿色投资，购买清洁高效的生产设备和污染处理系统（张济建等，2016）；另一方面能够激发企业创新，扩大研发资金投入，推动生产技术绿色化（蒋为，2015）。融资方面，在环境规制政策导向下，金融机构会减少对高污染高排放企业的信贷资金投放，以规避该类企业潜在的环境风险，从而强化污染企业面临的外部融资约束。面对日益趋紧的环境规制政策，重污染企业往往会积极调整自身行为决策，以期更好地应对环境规制带来的潜在威胁。

本书认为，环境规制主要通过作用于资本逐利动机与环境权变动机影响企业金融化。其中，资本逐利动机是指企业在非绿色转型条件下，出于生存获利目的，积极开展金融化投资的行为动因；环境权变动机是指企业为应对外部环境约束，致力于主业长期发展，通过消耗存量金融资产为绿色转型提供资金支持，从而减少金融化投资的行为动因。

新古典经济学认为，环境治理投入抬升了企业的经营成本，损害企业实体领域盈利状况。受绩效考核短期导向以及撤换风险的影响，管理层高度关注企业短期利润目标的实现。此时，金融投资低成本、高收益的特点高度契合实体企业追求短期获利的需求。金融化现象正是企业资本逐利天性的本质体现，反映了实体企业投资决策中新兴金融领域投资对传统实体领域投资的替代，属于企业投资偏好的一种转变（张成思，2019）。投资替代理论提出，企业金融化的目的是追求利润最大化，行业间收益率的变动是导致实体企业开展金融投资的重要驱动力（Orhangazi，2008；Demir，2009；张成思和郑宁，2020）。遵循前述理论逻辑，环境规制对企业实体领域获利能力的负面影响是推动企业扩张金融投资的重要动因。

　　与此同时，"蓄水池"理论认为，预防未来现金流不确定性，防范破产风险也是企业金融化程度提升的重要动因（步晓宁等，2020）。在信息不对称条件下，微观企业会依据当期环境规制强度的调整形成对未来环境规制变动趋势的预期。面对日趋严苛的环境规制，污染企业预期未来现金流受环境规制调整趋势影响而波动加剧，从而倾向于增加金融投资，为应对未来融资约束和生存风险提供"蓄水池"。从广义范畴看，环境规制约束下企业受"蓄水池"动因驱动而提升企业金融化水平的行为，仍属于以下讨论范畴：在非绿色转型条件下，企业提升金融化水平以应对未来环境政策变动引致的现金流波动风险，最终实现生存发展。因此，无论是依据投资替代理论还是"蓄水池"理论，环境规制都将对企业金融化产生强化效应。

　　环境权变动机是环境规制影响企业金融化的另一个方面。依循组织合法性观点，企业行为受到外部政策和相关法律法规的约束，企业的经营发展应与政府引导方向保持一致，以获取和强化自身合法性。面对日益严苛的环境规制，企业如果不加大环保投资力度，提升环境技术水平，长期看将面临较大的经营风险。基于主业长期发展考量，在环境规制约束下，企业会积极开展绿色转型。资金需求方面，环境规制下企业污染治理以及技术绿色转型都需要大量前期投资，从而产生短期高额资金需求。资金供给方面，在严苛的环境规制政策下，金融机构为规避因环境问题衍生的信贷风险，往往会选择缩减贷款规模或提高借贷成本，令企业尤其是重污染企业信贷融资难度上升。同时，环境规制带来的政策风险也会向资本市场传导，削弱投资者对污染企业的投资信心，致使公司股价表现不佳，企业股权融资难度随之上升。因此，环境规制强度上升一方面会对企业外部融资能力产生不利影响，恶化资金短缺问题；另一方面致力于主业发展的企业又需要大量资金实施绿色转型。在这种情况下，资金缺口将迫使企业出售部分或全部所持有的金融资产，以获取足够资金确保绿色转型顺利开展，从而降低企业金融化水平。因此，依循环境权变动机的行为逻辑，环境规制会对企业金融化产生弱化效应。

基于上述分析，环境规制变动环境下，企业金融化决策同时受资本逐利动机和环境权变动机两方面的影响，环境规制对企业金融化的整体效应最终取决于何种行为动机占据主导地位。当资本逐利动机更强烈时，企业更倾向于将资金投入金融领域，并由此提升金融化水平；当环境权变动机更强烈时，企业更倾向于将资金投入环保治理等实体领域，并由此降低金融化水平。

环境规制影响企业金融化的具体作用机理如图4-1所示。

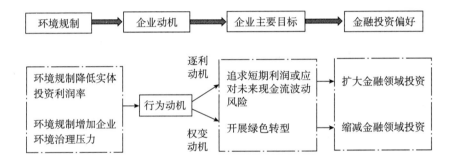

图4-1 环境规制影响企业金融化的作用机理

基于上述分析，本章提出竞争性假设H4-1：

H4-1a：其他条件一定的情况下，政府环境规制强度越强，企业金融化水平越高。

H4-1b：其他条件一定的情况下，政府环境规制强度越强，企业金融化水平越低。

第三节 研究设计

一 样本选择与数据来源

2012年《绿色信贷指引》的出台及《中华人民共和国环境保护

法》（以下简称《环保法》）的首次修订，确立了我国环境规制趋紧的政策导向。鉴于此背景以及数据可得性问题，本章选取 2012—2018 年沪深两市 A 股重污染上市公司作为初始研究样本。参照多数文献的做法，重污染企业界定依据《上市公司环保核查行业分类管理名录》。在确立初始样本基础上，根据以下标准对研究样本进行筛选：首先，剔除金融业企业和房地产企业；其次，剔除同时在 B 股或 H 股市场上市的企业；再次，剔除 ST、*ST 企业；最后，剔除相关数据缺失或异常的样本。最终本章得到 3261 个观测值。数据来源方面，除环境规制数据源于公众环境研究中心，其他财务数据均来自国泰安 CSMAR 数据库。此外，为消除极端值对实证结果的干扰，本章对所有连续变量在 1% 和 99% 分位数上进行缩尾处理。

二　变量定义

（一）金融化指标

借鉴彭俞超等（2018）和杜勇等（2019）等学者的做法，本章主要使用两种方法度量企业金融化水平：①企业金融资产占总资产的比值。具体而言，将交易性金融资产、衍生金融资产、发放贷款及垫款净额、可供出售金融资产、持有至到期投资和投资性房地产六个科目划分为金融资产。与企业会计准则中对金融资产的定义相比，本章剔除了货币资金项目，增加了投资性房地产。这主要是考虑到，货币资金多为企业出于日常生产流通需要而非资本增值所持有，而我国企业持有投资性房地产多为资本逐利而非经营自用，更贴近于金融投资概念。②企业金融资产总规模的自然对数值。

（二）环境规制指标

借鉴沈洪涛（2010）和史贝贝（2019）等学者的做法，选取公众环境研究中心和国际自然资源保护协会的城市污染源监管公开信息 PITI 指数来衡量环境规制强度。相较于定性打分或以经济发展水平、污染治理投资、污染物排放来定义环境规制，使用 PITI 指数来间接测度环境规制强度，数据可获得性强且相对完善。

（三）控制变量

借鉴现有金融化领域研究（彭俞超等，2018；胡宁等，2019），从企业特征、公司治理等方面对控制变量进行选取：①企业特征变量，包括企业规模、产权性质、融资约束、财务杠杆、成长性、盈利能力、投资机会；②公司治理特征，包括股权集中度、董事会规模；③其他因素，包括行业和年份。

表 4-1　　　　　　　　　　　变量及其定义一览

变量性质	变量名称	变量符号	变量定义
因变量	企业金融化$_1$	FinanceRatio	金融投资资产/总资产
	企业金融化$_2$	Lnfinance	金融投资资产的自然对数
自变量	环境规制	ER	城市污染源监管公开信息 PITI 指数
控制变量	企业规模	Size	总资产的自然对数
	产权性质	Equity	1=国有企业，0=非国有企业
	融资约束	FC	借鉴顾雷雷等（2020）的做法，采用两步法确定融资约束指数 FC。FC 取值在 0—1，FC 值越大，表明企业的融资约束问题越严重
	财务杠杆	Lev	总负债/总资产
	成长性	Growth	营业收入增长率
	盈利能力	ROA	净利润/平均总资产
	投资机会	TQ	总市值/总资产
	股权集中度	LHR	第一大股东持股比例
	董事会规模	Board	董事会总人数的自然对数
	行业	Industry	行业虚拟变量
	年份	Year	年份虚拟变量

三　公式设计

为考察环境规制对企业金融化的影响，本章设定如下公式：

$$FinanceRatio_{i,t} = \beta_0 + \beta_1 ER_{i,t} + Controls + \sum Industry + \sum Year + \varepsilon_{i,t}$$

$$(4-1)$$

$$Lnfinance_{i,t} = \beta_0 + \beta_1 ER_{i,t} + Controls + \sum Industry + \sum Year + \varepsilon_{i,t}$$

$$(4-2)$$

其中，被解释变量为企业金融化，采用 FinanceRatio 和 Lnfinance 两种方式衡量。β_0 为常数项，β_1 为解释变量待估系数，$\varepsilon_{i,t}$ 为随机扰动项。下标 i 表示公司，t 表示年份，公式中还控制了行业 Industry 和年份 Year。

第四节　实证结果与分析

一　描述性统计分析

表 4-2 的变量描述性统计结果显示，企业金融化指标一（FinanceRatio）的平均值为 0.0224，最小值为 0.0000，最大值为 0.7402，企业金融化指标二（Lnfinance）的平均值为 12.8148，最小值为 0.0000，最大值为 24.6911，表明各个样本公司持有金融资产水平存在较大差异。环境规制（ER）均值为 54.2508，最小值为 8.3000，最大值为 85.3000，可见中国各区域间的环境规制强度参差不齐，存在显著的时空差异特征。

表 4-2 主要变量描述性统计

变量名称	样本数	均值	标准差	最小值	最大值
FinanceRatio	3261	0.0224	0.0555	0.0000	0.7402
Lnfinance	3261	12.8148	7.9738	0.0000	24.6911
ER	3261	54.2508	16.3411	8.3000	85.3000
FC	3261	0.5039	0.3488	0.0000	1.0000
Size	3261	22.2004	1.3879	17.0487	28.5200
ROA	3261	0.4319	0.0850	-0.8401	1.5601
Lev	3261	0.4225	0.3085	0.0140	12.1274
Growth	3261	0.4725	11.8033	-0.9673	665.5401
TQ	3261	3.0156	3.6598	0.2198	85.1904
Board	3261	2.2702	0.1773	1.6094	2.9444
LHR	3261	35.7415	15.2274	3.3900	89.9900
Equity	3261	0.4358	0.4959	0.0000	1.0000

二 基本回归分析

表 4-3 报告了环境规制对企业金融化影响的检验结果。在列（1）以企业金融化$_1$（FinanceRatio）为被解释变量的估计结果中，ER 的估计系数为 0.0003，在 1% 的水平下显著为正。在列（2）企业金融化$_2$（Lnfinance）为被解释变量的估计结果中，ER 的估计系数为 0.0352 且在 1% 水平下显著为正。上述结果表明，环境规制与企业金融化显著正相关，支持假设 H4-1a，即资本逐利动因在环境规制影响企业金融化中占据主导效应。面对环境规制趋严，实体企业一方面倾向于加强金融投资，以弥补实体利润率下滑对企业短期业绩的负面影响；另一方面，针对严苛环境规制引致的融资约束问题，实体企业也可能强化金融投资，构建流动性储备池以作应对。

表 4-3　　　　环境规制与实体企业金融化全样本的
多元回归分析结果

	（1）	（2）
	FinanceRatio	Lnfinance
ER	0.0003 ***	0.0352 ***
	(5.5200)	(3.8600)
FC	−0.0038	−4.4806 ***
	(−0.5300)	(−4.6900)
Size	0.0000	1.3322 ***
	(0.0100)	(5.3700)
ROA	−0.0551 ***	−8.3026 ***
	(−2.8000)	(−3.2700)
Lev	−0.0076	−2.5349 ***
	(−1.3000)	(−3.3600)
Growth	−0.0001	0.0207
	(−0.0600)	(0.0900)
TQ	0.0010	0.0264
	(1.6500)	(0.3600)
Board	−0.0127 **	0.0959
	(−2.5600)	(0.1300)

续表

	（1）	（2）
	FinanceRatio	Lnfinance
LHR	−0. 0004 ***	−0. 0433 ***
	（−6. 9700）	（−4. 8000）
Equity	0. 0041 *	0. 9917 ***
	（1. 9100）	（3. 5600）
Constant	0. 0499	−17. 4334 ***
	（1. 0800）	（−2. 8200）
Industry	√	√
Year	√	√
N	3261	3261
R^2	0. 0518	0. 2486

　　注：括号内为 t 统计量；＊＊＊、＊＊、＊分别表示参数在 1%、5%和 10%的显著性水平下显著异于零，下同。

三　稳健性检验

（一）两阶段最小二乘法

　　实证检验中可能导致内生性问题的原因主要包括反向因果、遗漏变量和衡量偏误等。由于企业金融化水平难以对政府环境规制强度施加影响，本章参数估计的准确性不易受到反向因果问题的干扰。为应对可能存在的遗漏变量和衡量偏误问题，本章以年度城市 PITI 中位数（IER）作为工具变量，采用两阶段最小二乘法（2SLS）对基准公式展开重新估计。该做法主要是考虑到，年度城市 PITI 中位数（IER）作为全国环境规制变动趋势的重要表征，对城市环境规制具有指向性作用，显著地影响当年城市环境规制的变动趋势。个体企业的金融化决策更多受到属地层面环境规制状况的影响，而与全国层面环境规制强度缺乏直接的关联关系。因此，选择年度城市 PITI 中位数作为城市环境规制（ER）的工具变量是合适的。两阶段最小二乘法（2SLS）估计结果列示于表 4-4。由表 4-4 可知，列（2）采用 2SLS 回归的系数为 0.0005，在 1%水平下显著为正，与列（1）主假设基准回归结果一致，即环境规制强化了实体企业金融化。此外，本章对两阶段最小二乘法（2SLS）估计结果进行了识别不足检验和弱工具变量检验，其中识别不足检验（Underidentification test）显示 P 值为 0.0000，表明估计结果不存在识别不足问题；弱工具变量检验（Weak identification test）的 Kleibergen-Paap rk Wald F statistic 为 1234.2650，大于10% maximal Ⅳ size 值 16.3800，表明不存在弱工具变量问题。

表 4-4   环境规制与实体企业金融化的
两阶段最小二乘法回归结果

	（1）	（2）
	OLS	2SLS
ER	0.0003 ***	0.0005 ***
	（5.5200）	（5.5700）
FC	-0.0038	-0.0038
	（-0.5300）	（-0.5200）
Size	0.0000	0.0005
	（0.0100）	（0.3000）
ROA	-0.0551 ***	-0.0620 ***
	（-2.8000）	（-3.2900）
Lev	-0.0076	-0.0075
	（-1.3000）	（-1.2800）
Growth	-0.0001	0.0001
	（-0.0600）	（0.0700）
TQ	0.0010	0.0013 **
	（1.6500）	（2.3100）
Board	-0.0127 **	-0.0136 ***
	（-2.5600）	（-2.7400）
LHR	-0.0004 ***	-0.0004 ***
	（-6.9700）	（-7.5000）
Equity	0.0041 *	0.0047 **
	（1.9100）	（2.1200）
Constant	0.0499	0.0388
	（1.0800）	（0.8400）

续表

	（1）	（2）
	OLS	2SLS
Industry	√	√
Year	√	√
N	3261	3261
R²	0.0518	0.0446
P	0.0000	
Kleibergen-Paap rk Wald F statistic	1234.2650	
10% maximal Ⅳ size 值	16.3800	

注：括号内数据在 OLS 回归下为 t 值、在 2SLS 回归下为 z 值。

（二）新《环保法》出台的影响

考虑到新《环保法》修订实施前后环境规制强度差异可能对估计结果存在干扰，本节在基准公式中引入 2015 年新《环保法》出台事件虚拟变量 HBF 进行重新估计，结果如表 4-5 列（1）所示，环境规制（ER）与企业金融化（FinanceRatio）为显著正相关关系，与基准回归结果相一致。

表 4-5　　　环境规制与实体企业金融化的稳健性检验

	（1）	（2）
	FinanceRatio	FinanceRatio
ER	0.0003 ***	0.0002 ***
	（5.5200）	（4.8400）
HBF	0.0087 ***	
	（3.2400）	
FC	-0.0038	-0.0119 *
	（-0.5300）	（-1.6700）
Size	0.0000	0.0063 ***
	（0.0100）	（2.7600）
ROA	-0.0551 ***	-0.0498 ***
	（-2.8000）	（-4.2400）

	（1）	（2）
	FinanceRatio	FinanceRatio
Lev	−0.0076	−0.0180***
	（−1.3000）	（−3.2400）
Growth	−0.0001	−0.0001
	（−0.0600）	（−0.1500）
TQ	0.0010	0.0012***
	（1.6500）	（3.4100）
Board	−0.0127**	−0.0112**
	（−2.5600）	（−1.9700）
LHR	−0.0004***	−0.0119*
	（−6.9700）	（−1.6700）
Equity	0.0041*	0.0063***
	（1.9100）	（2.7600）
Constant	0.0499	−0.0884
	（1.0800）	（−1.5900）
Year	√	√
Industry	√	√
N	3261	3261
R^2	0.0518	0.0580

（三）个体固定效应

为应对可能存在的遗漏变量问题，本节尝试利用个体固定效应对基准公式进行估计，结果如表4-5列（2）所示，环境规制（ER）与企业金融化（FinanceRatio）为显著正相关关系，与基准回归结果相一致。

（四）滞后环境规制

考虑到环境规制强度变化传导至企业投资决策改变存在滞后性，将环境规制滞后一期（ER1）对基准公式进行重新估计。其中，滞后一期的回归结果如表4-6列（1）所示，环境规制（ER）与企业金融化（FinanceRatio）呈显著正相关关系，与基准回归结果相一致。

表 4-6　　　　　环境规制与实体企业金融化的稳健性检验（续）

	（1）FinanceRatio	（2）iFinanceRatio	（3）FinanceRatio
ER		0.0096 ***	0.0003 ***
		（2.8600）	（5.5500）
ER1	0.0003 ***		
	（5.9200）		
FC	−0.0046	−0.9843 **	−0.0038
	（−0.6300）	（−2.1500）	（−0.6100）
Size	−0.0001	0.4280 ***	0.0000
	（−0.0500）	（3.0700）	（0.0200）
ROA	−0.0565 ***	−1.9912 **	−0.0551 ***
	（−2.8700）	（−2.2600）	（−3.5900）
Lev	−0.0082	−0.5255 **	−0.0076
	（−1.3900）	（−1.9800）	（−1.6200）
Growth	−0.0001	0.0045	−0.0001
	（−0.0400）	（0.0500）	（−0.0700）
TQ	0.0010 *	0.0123	0.0010 **
	（1.6600）	（0.4900）	（2.2900）
Board	−0.0128 ***	0.3199	−0.0127 ***
	（−2.5800）	（1.1000）	（−2.7400）
LHR	−0.0004 ***	−0.0105 ***	−0.0004 ***
	（−7.0300）	（−3.0800）	（−7.3800）
Equity	0.0044 **	0.3903 ***	0.0041 **
	（2.0200）	（3.8700）	（2.2900）
Constant	0.0541	−9.4469 ***	0.0499
	（1.1700）	（−2.7600）	（1.1800）
Year	√	√	√
Industry	√	√	√
N	3257	3261	3261
R^2	0.0535	Pseudo R^2 = 0.1666	Pseudo R^2 = −0.0158

（五）更换企业金融化衡量方式

为更加全面地衡量企业金融化，本节更换了企业金融化的测度方法对基准公式进行重新估计。借鉴王红建等（2017）的做法，利用是否配置金融资产构建虚拟变量 iFinanceRatio 衡量企业金融化。回归结果如表 4-6 列（2）所示，环境规制（ER）与企业金融化（iFinanceRatio）呈显著正相关关系，与基准回归结果相一致。

（六）改变回归模型

虽然样本企业金融化水平总体分布于正数范围内，但是由于部分企业的金融化水平集中为零，据此得到的实证结果可能无法全面反映实际状况。因此，本节采用 Tobit 模型替代 OLS，对样本进行截尾回归。回归结果如表 4-6 列（3）所示，环境规制（ER）与企业金融化（FinanceRatio）呈显著正相关关系，与主检验结果相一致。

四 进一步研究

（一）区域环境规制压力的异质性分析

不同地区行政效率、环保压力存在异质性，区域间环境规制执行力度差距显著，可能引起企业响应环境规制行为的分化。具体而言，与位于低区域环境规制压力的企业相比，环境规制力度提升引致的实体投资与金融投资间收益率差距扩张，在位于高区域环境规制压力企业中表现得更为明显，其资本逐利动机也相对更强，从而令环境规制对这些地区企业的金融化产生更大驱动力。在其他条件不变的情况下，预期环境规制对高区域环境规制压力企业金融化的强化效应相对更高。

为检验上述分析，本节以环境规制强度中位数为临界点，将全样本分为低区域环境规制压力组和高区域环境规制压力组进行分组回归。结果如表 4-7 所示，解释变量为 FinanceRatio，被解释变量为 ER。列（1）为低区域环境规制压力组上市公司的回归结果，可以看到 FinanceRatio 与 ER 的估计系数为 0.0002，不显著；列（2）是高区域环境规制压力组上市公司的回归结果，FinanceRatio 与 ER 的系数为 0.0003，在 10% 水平下显著为正。表明较之低区域环境规制压力的企业，环境规制与企业金融化之间的正向关系在高区域环境规制压力企业中更为显著，区域间环境规制压力的差异是造成环境规制对企业金融化影响效应分化的重要原因。

表 4-7 环境规制与实体企业金融化根据区域环境

规制压力分组的多元回归分析结果

	FinanceRatio	
	（1）	（2）
	低环境规制压力	高环境规制压力
ER	0.0002	0.0003*
	（1.5500）	（1.8400）
FC	−0.0001	−0.0098
	（−0.0100）	（−0.8500）
Size	−0.0016	0.0007
	（−1.0100）	（0.2400）
ROA	−0.0167	−0.0934***
	（−0.9000）	（−2.6500）
Lev	0.0044	−0.0200**
	（0.6600）	（−2.0100）
Growth	−0.0004	−0.0003
	（−0.2000）	（−0.0900）
TQ	0.0002	0.0016*
	（0.2800）	（1.8800）
Board	−0.0159**	−0.0081
	（−2.4300）	（−1.0700）
LHR	−0.0003***	−0.0005***
	（−5.5300）	（−4.6700）
Equity	0.0047*	0.0026
	（1.8000）	（0.7300）
Constant	0.0860**	0.0397
	（2.1000）	（0.5200）
Year	√	√
Industry	√	√
N	1631	1630
R^2	0.0503	0.0451

（二）行业污染程度的异质性分析

考虑到行业污染程度异质性下企业受到环境规制的影响程度不

同，也可能会导致环境规制对企业金融化的影响效应产生分化。本节根据污染物排放强度和能源消耗情况将样本进行高低分组，分别考察环境规制对不同污染程度企业金融化的影响。其中，火电、水泥、化工（化学原料及化学制品制造业、橡胶制造业、塑料制造业）、造纸行业企业划分为强污染企业组，将其余行业作为弱污染企业组。结果如表4-8所示。表4-8列（1）为弱污染组上市公司的回归结果，可以看到FinanceRatio与ER的估计系数为0.0002，在1%水平下显著为正；列（2）是强污染组上市公司的回归结果，FinanceRatio与ER的系数为0.0005，在1%水平下显著为正。这一结果表明较之弱污染企业，环境规制对强污染企业金融化的强化效应更为明显。为确保检验结果的可靠性，本节进一步通过Chow test检验组间系数差异，引入ER-xPollution，估计系数为0.0003，在1%水平下显著为正，这说明分组检验中弱污染企业与强污染企业的组间系数确实存在显著差异。上述分析结果表明，行业污染程度异质性是导致环境规制影响效应分化的重要原因，与低污染企业相比，环境规制对强污染企业金融化的强化效应更为明显。

表4-8　　　　环境规制与实体企业金融化根据行业污染程度
分组的多元回归分析结果

	FinanceRatio	
	（1）	（2）
	弱污染企业	强污染企业
ER	0.0002 ***	0.0005 ***
	（2.9500）	（5.4300）
FC	−0.0056	0.0178
	（−0.6600）	（1.2900）
Size	−0.0011	0.0079 **
	（−0.5300）	（2.1500）
ROA	−0.0494 **	−0.0686 *
	（−2.0600）	（−1.9400）
Lev	−0.0155 **	0.0053
	（−2.1700）	（0.5300）

续表

	FinanceRatio	
	（1）	（2）
	弱污染企业	强污染企业
Growth	0.0009	−0.0019
	（0.3400）	（−1.0800）
TQ	0.0005	0.0021
	（0.6600）	（1.6200）
Board	−0.0052	−0.0256***
	（−0.9200）	（−2.6200）
LHR	−0.0006***	−0.0002
	（−7.5000）	（−1.2700）
Equity	0.0026	0.0079**
	（0.9700）	（2.1700）
Constant	0.0750	−0.1420
	（1.4500）	（−1.5600）
Year	√	√
Industry	√	√
Chow test	0.0003***	
	（2.6800）	

（三）经济后果分析

环境规制对实体企业金融化的推动影响是资本逐利动机作用的结果。企业长期偏离主业的投资策略可能使其核心竞争力下降，对主业未来发展产生不利影响。为检验上述分析，依据 Penman-Nissim 分析框架，以剔除金融投资收益的下年度营业利润率来衡量企业未来主业业绩。借鉴宋军等（2015）的做法，将金融投资收益范畴界定为利息收入、公允价值变动和投资收益三部分。具体计算公式为：主业盈利能力（Perf）＝（营业利润−投资收益−公允价值变动损益−利息收入）／营业收入。依据温忠麟（2004）中介效应检验思路，采取三步法对金融化在环境规制与主业盈利能力之间的中介作用进行了检验，表4-9列（1）和列（2）报告了"环境规制—企业金融化—企业未来主业盈利"的检验结果。本节重点关注第三步检验结果中企业金融

化 FinanceRatio 的估计系数，如表 4-9 列（3）所示，企业金融化变
量的估计系数为 -0.0939，在 1% 的统计水平下显著为负。此外，还进
行了 Sobel 检验，检验结果如表 4-9 所示，其中 Z 值为 -3.7220，P 值
为 0.0002。上述结果表明，在环境规制影响下，实体企业出于提升短
期财务绩效考虑，偏重金融领域的投资决策，致使实体企业金融化水
平上升，最终对主业未来发展产生不利影响。

表 4-9　　　　环境规制与实体企业金融化的经济后果的
多元回归分析结果

	主业未来盈利能力		
	（1）	（2）	（3）
	Perf	FinanceRatio	Perf
ER	0.0001 *	0.0003 ***	0.0002 **
	(1.8300)	(5.5200)	(2.2600)
FinanceRatio			-0.0939 ***
			(-3.9700)
FC	-0.0203 **	-0.0038	-0.0207 **
	(-2.2400)	(-0.5300)	(-2.2700)
Size	0.0019	0.0000	0.0019
	(0.8600)	(0.0100)	(0.8600)
ROA	0.5995 ***	-0.0551 ***	0.5944 ***
	(18.4600)	(-2.8000)	(18.2500)
Lev	-0.0626 ***	-0.0076	-0.0633 ***
	(-7.5400)	(-1.3000)	(-7.6300)
Growth	0.0017	-0.0001	0.0017
	(0.7000)	(-0.0600)	(0.7000)
TQ	0.0006	0.0010	0.0007
	(0.7100)	(1.6500)	(0.8300)
Board	0.0114 *	-0.0127 **	0.0102 *
	(1.8900)	(-2.5600)	(1.7000)
LHR	0.0003 ***	-0.0004 ***	0.0002 ***
	(3.9600)	(-6.9700)	(3.4500)

续表

	主业未来盈利能力		
	（1）	（2）	（3）
	Perf	FinanceRatio	Perf
Equity	−0.0078 ***	0.0041 *	−0.0074 ***
	（−3.4800）	（1.9100）	（−3.3100）
Constant	−0.0471	0.0499	−0.0424
	（−0.8500）	（1.0800）	（−0.7600）
Year	√	√	√
Industry	√	√	√
N	3261	3261	3261
R²	0.4469	0.0440	0.4500
Sobel Z	−3.7220		
Sobel P	0.0002		

第五节　结论与研究启示

从"绿水青山就是金山银山"发展理念到"2030 碳达峰、2060 碳中和"气候行动目标的提出，绿色发展将成为中国未来发展的主基调，也将成为新时代中国经济转型升级的必然选择。本章节利用沪深两市 A 股重污染行业上市公司经验数据，对环境规制与企业金融化的关系进行检验。研究结果表明：①环境规制强度提高会对实体企业金融化产生强化效应；②与低区域环境规制压力企业和弱污染企业相比，环境规制对企业金融化的强化效应在高区域环境规制压力企业和强污染企业中表现得更为明显；③环境规制影响下，实体企业金融化的强化对企业主业未来盈利能力具有负面效应。基于上述研究发现，本章的现实启示意义在于：

第一，从政府监管视角，本章的研究结论为理解环境规制对微观企业影响提供了新视角，为进一步提升环境规制政策的实施效果提供实践思路。政府应认识到，现阶段大部分企业尚处于被迫接受环境规制阶段，自身减排意愿不足，企业环境规制应对行为的前瞻性欠缺。在当前环境下，大幅提升环境规制对企业实体主业投资回报率产生较大损害。在资金短缺、技术能力受限的条件下，污染企业往往面临较高的生存风险，驱使企业将更多资金投入高回报的金融领域而非积极开展绿色转型，可能导致环境规制的政策效果产生偏差。在今后环境保护工作中，政府应充分考虑企业绿色转型的经济可行性和技术可行性，将环境规制强度的提升幅度控制在合理区间，提升环境保护工作的科学性与精准性。同时，丰富环境规制工具特别是以排污权交易为代表的市场化环境规制工具，着力激发企业环境权变动机，推动企业从规制迫使向主动治理转变，加快绿色发展进程。

第二，从企业发展视角，本章的研究结论进一步揭示了企业"脱实向虚"发展模式的弊端所在，指引企业更加关注生产经营中的环境风险，以绿色发展引领企业转型升级。首先，管理层应认识到，将高占比资金投入金融领域，寻求短期绩效优化，这一做法从长期视野看并不可取。一方面，过度脱离实体主业使企业缺乏关键竞争力。企业投资结构长期偏向金融领域，主业发展缺乏资源投入，核心竞争力下降，致使主业未来业绩下滑。另一方面，过度脱离实体主业导致企业承担风险上升。在金融市场持续动荡背景下，高金融资产占比的资产结构将大幅提升企业生产经营风险。其次，面对日趋严苛的环境规制，实体企业尤其是重污染企业应转变思路，提升环境规制应对的前瞻性，加大技术创新、环保设施购置等方面的投入，将环保压力转化为企业转型升级动力，推动形成企业关键竞争力。唯有加大实体投入力度，增强污染治理水平，方能从根本上解决企业环保困境，实现核心竞争力提升和绿色发展的"双赢"，助力实现经济高质量发展目标。

第五章

绿色信贷政策、企业新增
银行借款与环保效应

第一节　引言

金融业在绿色发展中发挥着重要作用，绿色金融将为构建中国特色现代化金融体系做出重要贡献。绿色信贷源于绿色金融，是中国绿色金融的重点和核心。2007年7月12日，由国家环境保护总局、中国人民银行和中国银行业监督管理委员会联合发布的《关于落实环保政策法规防范信贷风险的意见》，标志着我国绿色信贷政策的正式出台。绿色信贷政策要求银行严格控制对高耗能、高污染（以下简称"两高"[①]）行业的信贷投放，同时进一步加大对循环经济、环境保护和节能减排技术改造项目的信贷支持力度，以此促进节能减排并防范信贷风险。

既有文献主要围绕绿色信贷政策的运行机制、实施现状和发展必要性等方面展开，且大多聚焦于定性分析，定量分析较为鲜见。而现有关于绿色信贷政策的实证研究文献主要集中于两个方面：一方面是

[①] 根据环境保护部印发的《上市公司环保核查行业分类管理名录》（环办函〔2008〕373号），本书将火电、钢铁、水泥、电解铝、煤炭、冶金、建材、采矿、化工、石化、制药、轻工（酿造、造纸、发酵）、纺织、制革划分为"两高"行业。

围绕企业的债务融资与其环境表现展开研究，有学者研究表明，企业的环保行为对其债务融资具有积极作用，如较好的环境表现有助于企业获得长期借款（沈洪涛，2012），绿色企业比"两高"企业的债务融资成本更低（连莉莉，2015）。而关于绿色信贷政策对企业银行借款期限的影响，学界结论并非一致。蔡海静（2013）发现，绿色信贷政策仅体现在短期借款行为上，而 Wang 和 Zhu（2017）的研究发现，污染企业的长期借款在绿色信贷政策出台后大幅下降，也有学者发现绿色信贷政策的有效性主要体现在市场化进程较高的地区（蔡海静和许慧，2011）。另一方面是研究绿色信贷政策对商业银行绩效的影响，如李程等（2016）研究发现，绿色信贷在一定程度上对商业银行绩效有负面影响，但随着政策实施影响逐渐减弱。然而龚玉霞等（2018）的研究表明，商业银行实施绿色信贷对其综合经营绩效有显著正向影响。

本章节以 2007 年推出的绿色信贷政策作为外生事件，采用倾向得分匹配法（PSM）和双重差分法（DID），试图评估检验绿色信贷政策的实施对遏制信贷资金流向"两高"行业以及对改善环境质量的影响和效果。首先，采用倾向得分匹配为"两高"行业企业匹配对照组企业；其次，运用双重差分法比较实验组与对照组企业在政策实施前后新增银行借款的变化，以评估绿色信贷政策对"两高"行业企业在银行借款方面的微观经济后果；最后，检验绿色信贷政策在提升环境质量方面的成效，具体包括水污染与大气污染两个方面。研究发现，绿色信贷政策显著减少了"两高"企业的新增银行借款，且受政策冲击较大的城市二氧化硫排放量和工业废水排放量均明显减少。本章节还进一步检验了绿色信贷政策在不同污染程度、不同产权性质、不同地域与不同地区经济发展压力情况下的实施效果差异，以及绿色信贷政策的资本市场反应。研究发现，较之于国有企业，非国有企业受到绿色信贷政策的约束更强；比较中西部地区企业，东部地区企业受到绿色信贷政策约束更强；而相较于经济发展压力大的地区企业，位于发展压力小的地区企业受到绿色信贷政策的约束更强。

本章节的主要贡献在于：其一，创新性地提供了我国绿色信贷政策实施效果的经验证据，以往关于绿色信贷的研究主要停留在理论探讨层面，本章采用 PSM–DID 方法检验了绿色信贷政策的实施效果，在经验研究方面取得了新的突破；其二，将绿色信贷政策的执行效果从微观层面向宏观层面拓展，更深入揭示了经济手段对环境保护的作用。

第二节　理论分析与研究假设

一　绿色信贷政策制度背景

近年来，环保问题越发严峻，国家也愈加重视绿色发展主旨。党的十九大提出要加快建立绿色生产和消费的法律制度与政策导向，建立健全绿色低碳循环发展的经济体系。同时，银行信贷作为国家宏观调控的重要手段和企业融资的重要来源，在这一方面具备突出地位。在此背景下，关于绿色信贷及其经济后果的研究，也日益受到理论界与实务界的关注。

推行绿色信贷是基于防范信贷风险的需要，也是实现经济可持续发展的必由之路。我国当前的环境形势日益严峻，部分区域环境违法现象越发突出。同时，由污染企业关停所引致的信贷风险持续扩大，进一步对国民经济与社会稳定发展构成严重威胁。推行绿色信贷体现了银行社会责任意识的提高，有助于取得国际社会和同业的认可，提升银行的国际竞争力（蔡海静，2013）。在新常态下，商业银行推行绿色信贷，真正实现"寓义于利"，有助于提高银行核心竞争力，使银行获取丰厚"绿色利润"的同时，还能够提高银行环境风险的管理能力（Aintablian，2007）。绿色信贷对于整体经济的可持续发展也有显著的促进作用，从微观上看，可以引导资金投向有利于环保的企业，促进实体经济的可持续发展；从宏观上看，可以促进绿色产业发展与地区经济增长。同时，绿色信贷还能在城市规划中起到关键性作用，推动建立绿色可持续发展城市。

二 绿色信贷政策与企业新增银行借款

目前，我国加入赤道原则的银行尚不构成多数，但绿色信贷政策推行后，我国的银行类金融机构也越发重视践行社会责任。截至 2017 年 6 月，我国 21 家主要银行机构的绿色贷款余额已达 8.29 万亿元。绿色信贷政策具有双重意义，它除了提倡对循环经济、环境保护和节能减排技术改造项目的信贷支持之外，还要求银行严格控制对"两高"行业的信贷投放。郭丽（2007）研究发现，银行等金融机构主动执行绿色信贷政策可以向利益相关者表明其环境保护作为，助益树立良好的社会形象。例如，汇丰银行积极进行赤道原则实践，拒绝向污染企业投放信贷资金，主动参与、捐助一系列环保项目，如与世界自然基金会（WWF）共同开展的长江项目合作，从而为减少碳排放、优化环境质量的环保事业做出贡献，由此提升了自身的环境声誉。在绿色信贷政策推行之后，银行通常会更加谨慎地对待"两高"企业，因为潜在的环境违规风险增加了企业无力偿还债务的可能性。考虑到自身利益和社会责任，银行将控制对污染企业的贷款投放量，"两高"企业获取新增银行借款的难度将会加大。本章推测，2007 年我国推出的重大绿色信贷政策，应该对遏制"两高"企业的新增银行贷款发挥了积极作用。据此，本章提出以下假设：

H5-1a：推行绿色信贷政策后，"两高"企业所获得的新增银行借款有所下降。

作为一项正式制度，绿色信贷政策包含政策制定与政策实施两个阶段。而其中，政策制定在政策目标实现中所做贡献仅占 10%，剩余均有赖于政策的有效执行（陈振明，2003）。Allen 等（2005）指出，中国与他国在政策执行力度与效率方面存在严重差距，而非落后于政策制定方面。不充分的环境信息、不完善的配套政策和法律，不同行业之间不明确的实施标准以及地方保护主义被认为是推进绿色信贷政策的主要障碍（Aizawa and Yang，2010）。

银行等金融机构是绿色信贷政策的执行主体，对其而言，贯彻执行绿色信贷政策有利于长远发展。但实际上，由于存在较高的执行成本，银行在执行绿色信贷政策时积极性可能并不高。其原因在于：一方面，缩减对"两高"企业的信贷投放意味着银行需要放弃一部分利润来源，自身市场份额将受到影响，并且"两高"企业对银行借款的依赖程度高，银行一旦缩紧对其信贷支持，部分项目可能会因此停工，造成银行贷款无法收回；另一方面，银行在评判借款企业的环境污染状况的过程中还要付出额外成本，在利润最大化目标下，银行会在短期利益与长期利益之间进行权衡，有可能导致绿色信贷政策执行不力。据此，本章提出以下与 H5-1a 不同的竞争性假设：

H5-1b：推行绿色信贷政策后，"两高"企业所获得的新增银行借款并未明显减少。

三　绿色信贷政策与环保效应

某一区域内企业的环境表现在很大程度上决定了当地的环境质量，我国目前绝大多数污染排放物源于工业企业，此类企业是绝大多数污染物的直接生产者（沈洪涛，2017）。事实上，企业在生产过程中对外部环境造成负面影响却未给予补偿，即产生了生产的外部不经济。"两高"行业的快速扩张，致使工业废水、废气的排放量不断增加，由此加剧环境恶化，给环境带来了负外部性。经济学理论解决负外部性的常见方法包括税收和明确产权，即通过向外部不经济的厂商征收恰好等于外部边际成本的税收或者根据科斯定理明确产权，但是前者很难以货币形式衡量外部性成本，后者在现实情况下交易成本不可能为零。绿色信贷的推行要求银行在信贷活动中，把符合环境检测标准作为信贷审批的重要前提，提高了"两高"企业借款的门槛，本质上可以将其视为一种促进环保的宏观经济政策工具。以经济杠杆引导环保，从而将企业的环境污染成本内部化。

绿色信贷政策可以通过两种途径对环境保护产生影响。一是通过绿色信贷政策直接限制银行信贷资金流向"两高"企业，遏制"两高"行业的发展，同时增加资金流入环保、节能减排技术改造项目，进而控制污染物排放，此即绿色信贷发挥作用的直接途径；二是银行在信贷审批中加强对企业环境保护的关注度，提高企业向银行借款的门槛，向"两高"企业传递出负面信号，影响其生产经营决策和资源配置，激发其节能减排需求，此即绿色信贷发挥作用的间接途径。因此，本章提出以下假设：

H5-2a：绿色信贷政策的推行，可以降低"两高"企业的污染排放，改善城市环境质量。

值得注意的是，在绿色信贷政策的初步实施阶段，商业银行中往往会存在边际成本上升的情形，短期内成本升高，风险扩大且回报降低，导致银行无法获得更多利润而不严格执行绿色信贷政策（马萍和姜海峰，2009）。对于企业而言，经理人出于自身利益考量，可能会选择高成本借贷，投资高污染项目，未必一定会通过减少排污来迎合银行需求。综合来看，政策效果可能不明显。因此，本章针对 H5-2a，也提出以下竞争性假设：

H5-2b：绿色信贷政策的推行，并未降低"两高"企业的污染排放。

第三节　研究设计

一　样本选择与数据来源

为检验 2007 年绿色信贷政策的实施效应，本章以 2004—2011 年 A 股上市公司为初始样本，选取"两高"行业中的企业作为处理组，其余为对照组。在剔除金融行业公司、AH 股同时上市公司、ST 公司以及重要变量缺失的上市公司后，最终获得 11408 个观测作为全样本，其中全样本下的处理组包含 3585 个观测，对照组包含 7823 个观测。

本章中所用数据来源包括：①财务数据、产权性质和行业属性数据来自 CSMAR 数据库；②用于衡量社会外部性的地级市二氧化硫排放量、工业废水排放量数据来自《中国环境统计年鉴》；③各地级市 GDP 数据来自《中国统计年鉴》。为消除极端值影响，对全部连续变量在上下各 1% 水平下进行缩尾处理。

由于双重差分的估计结果严格依赖于对照组的选择，为体现结果的稳健性，本章采用倾向得分匹配法进一步在非"两高"行业中匹配对照组。具体而言，采用二元 Probit 模型估计样本为"两高"行业的可能概率，参考孙铮等（2006），选取企业规模、成长性、资产负债率、净资产收益率、企业性质、自有资金比率及权益融资能力等作为控制变量，按照倾向得分值为处理组挑选与其概率值最为接近的对照组。经过上述程序之后，便可得到 PSM 样本，它共有 7111 个观测，其中处理组包含 3526 个观测，对照组包含 3585 个观测。

表 5-1　　　　　　　　绿色信贷政策与环保效应的样本分布

年份	全样本						PSM 样本					
	总计		处理组		对照组		总计		处理组		对照组	
	N	%	N	%	N	%	N	%	N	%	N	%
2004	1149	10	366	10	783	10	705	10	361	10	344	10
2005	1235	11	396	11	839	11	757	11	390	11	367	10
2006	1228	11	393	11	835	11	754	11	387	11	367	10
2007	1300	11	422	11	878	11	792	11	411	12	381	11
2008	1413	12	463	13	950	12	865	12	455	12	410	11
2009	1474	14	482	13	992	13	948	14	466	13	482	13
2010	1627	14	490	14	1137	15	1017	14	488	14	529	15
2011	1982	17	573	16	1409	17	1269	17	564	16	705	20
合计	11408		3585		7823		7107		3522		3585	

为保证 PSM 匹配结果准确、可靠，借鉴 Shipman 等（2015）对倾向得分匹配结果开展平衡性检验。表 5-2 列示了检验结果，匹配后所有变量的偏差均在 6% 以内、T 检验的 p 值均超过 10%，表明 PSM 匹配后全部变量在实验组与对照组之间均无显著差异。上述检验验证了本章选取匹配变量和匹配方法的恰当性，以及匹配结果的可靠性。

表 5-2　　　　　　　绿色信贷政策与环保效应的平衡性检验结果

变量	样本	均值		偏差率（%）	偏差降低比率（%）	T 检验	
		处理组	对照组			T 值	p>｜t｜
Size	未匹配	21.60	21.35	22.00		11.06	0.00
	匹配	21.58	21.56	1.60	92.70	0.53	0.59
Growth	未匹配	0.24	0.25	-1.30		-0.62	0.54
	匹配	0.24	0.25	-1.60	-24.40	-0.58	0.56

续表

变量	均值				偏差降低比率（%）	T检验	
	样本	处理组	对照组	偏差率（%）		T值	p>｜t｜
Lev	未匹配	0.50	0.47	12.40		6.07	0.00
	匹配	0.50	0.50	1.20	89.90	0.43	0.66
Roe	未匹配	0.06	0.07	−6.60		−3.34	0.00
	匹配	0.06	0.06	2.30	64.40	0.74	0.46
Soe	未匹配	0.68	0.60	16.50		8.10	0.00
	匹配	0.67	0.65	4.70	71.40	1.66	0.10
Offer	未匹配	0.03	0.02	1.80		0.91	0.36
	匹配	0.02	0.03	−5.50	−196.80	−1.81	0.07
Cfio	未匹配	0.17	0.12	32.90		16.48	0.00
	匹配	0.17	0.17	−0.80	97.50	−0.27	0.78

二 变量定义

本章被解释变量包括企业新增银行借款（Loan）、地级市二氧化硫排放量（SO_2）、地级市工业废水排放量（Wastwater）等。参考孙铮等（2006）、李小平和卢现祥（2010）、李锴和齐绍洲（2011），选取控制变量如下：企业规模（Size）、资产负债率（Lev）、净资产收益率（Roe）、成长性（Growth）、权益融资能力（Offer）、自有资金比率（Cfio）、产权性质（Soe）、地级市人均国内生产总值（GDP）、城市化水平（Urban）和对外开放水平（Open）、行业（Industry）和年份（Year）。此外，由于2008年金融危机之后，政府出台的"四万亿"经济刺激计划对银行信贷存在不可忽略的影响，因此本章参考李茫茫等（2016）控制了金融危机哑变量（Cycle）。具体变量定义见表5-3。

表5-3　　　　　　　　　　变量及定义一览

变量符号	变量定义
Loan	年度新增银行借款，短期借款、长期借款和一年内到期的长期借款之和的本期变化值除以期初总资产

续表

变量符号	变量定义
SO$_2$	二氧化硫排放量，地级市二氧化硫实际排放量（千吨）取自然对数
Wastwater	工业废水排放量，地级市工业废水实际排放量（百万吨）取自然对数
Post	时间虚拟变量，绿色信贷政策发布之后的年份为 1，其他为 0
Treatment	政策影响虚拟变量，"两高"行业的企业为 1，其他为 0
Post×Treatment	交互项，Post×Treatment 的估计系数 β_3 主要衡量绿色信贷政策对企业银行借款的真实影响，若 $\beta_3<0$ 则表明绿色信贷实施后"两高"企业的新增银行借款小于对照组企业的新增银行借款
Most impacted cities	虚拟变量，计算地级市"两高"企业的总资产占本市所有上市公司总资产的比重，如果大于 2007 年的中位数则取 1，否则取 0
Size	企业规模，期末总资产的自然对数
Lev	资产负债率，期末总负债除以总资产
Roe	净资产收益率，净利润除以净资产
Growth	成长性，本期营业收入与上期营业收入之差除以上期营业收入
Offer	权益融资能力，本期配股或增发募集资金除以期初总资产
Cfio	自有资金比率，本期经营活动产生的现金流量净额与投资活动产生的现金流量净额之差除以期初总资产
Soe	产权性质，国有企业为 1，非国有企业为 0
TobinQ	企业相对价值，期末市值与期末总负债之和除以总资产
Cycle	金融危机哑变量，2008 年之后取值为 1，否则为 0
GDP	本期人均国内生产总值的自然对数
Urban	城市化水平，非农人口占总人口的比重
Open	对外开放水平，进出口总额占 GDP 的比重
Province/ Industry/Year	省份/行业/年份虚拟变量

三　公式设计

在微观层面上，为考察绿色信贷政策对企业新增借款的影响，本章设定如下公式：

$$Loan = \beta_0 + \beta_1 Post + \beta_2 Treatment + \beta_3 Post×Treatment + \beta_j Controls_j + \varepsilon$$

$$(5-1)$$

在宏观层面上，为考察绿色信贷政策的实施对环境质量的影响，建立如下公式：

$$SO_2/Wastwater = \beta_0 + \beta_1 Post + \beta_2 Most\ impacted\ cities + \beta_3 Post \times$$
$$Most\ impacted\ cities + \beta_j Controls + \varepsilon \qquad (5-2)$$

其中，β_0 为常数项，β_i 为解释变量待估系数，ε 为随机扰动项。式（5-1）中，Loan 表示企业新增银行借款，Treatment 表示是否为"两高"企业，Post 表示绿色信贷政策是否实施；式（5-2）中，SO_2 为地级市二氧化硫排放量，Wastwater 为地级市工业废水排放量，Most impacted cities 为哑变量，当地级市受绿色信贷政策影响较大时取值为 1，否则为 0。

第四节　实证结果与分析

一　描述性统计分析

表5-4列示了 PSM 样本企业层面（Panel A）和地级市层面（Panel B）主要变量的描述性统计结果。本章以新增银行借款（Loan）来衡量绿色信贷在企业层面的政策效果，Panel A 表明 Loan 在处理组中的均值为 0.05，在对照组中的均值为 0.04。本章以二氧化硫排放量衡量大气污染，以工业废水排放量衡量水污染，Panel B 显示受政策影响大的城市 SO_2 的均值为 8.78，其他城市为 8.53，受政策影响大的城市 Wastwater 均值为 6.43，其他城市为 6.59。

表5-4　　　　　　　　　　　主要变量描述性统计

	Panel A：企业层面							
变量名称	PSM 处理组				PSM 对照组			
	样本数	均值	中位数	标准差	样本数	均值	中位数	标准差
Loan	3522	0.05	0.02	0.13	3585	0.04	0.00	0.13
Size	3522	21.58	21.44	1.15	3585	21.31	21.18	1.14
Lev	3522	0.50	0.51	0.19	3585	0.47	0.48	0.20
Roe	3522	0.06	0.07	0.18	3585	0.07	0.08	0.17

Panel A：企业层面								
变量名称	PSM 处理组				PSM 对照组			
	样本数	均值	中位数	标准差	样本数	均值	中位数	标准差
Growth	3522	0.24	0.18	0.43	3585	0.25	0.15	0.60
Offer	3522	0.02	0.00	0.10	3585	0.03	0.00	0.12
Cfio	3522	0.17	0.14	0.17	3585	0.10	0.09	0.19
Soe	3522	0.67	1.00	0.47	3585	0.57	1.00	0.50
Panel B：地级市层面								
变量名称	受政策影响大的城市				其他城市			
	样本数	均值	中位数	标准差	样本数	均值	中位数	标准差
SO_2	831	8.78	8.85	1.46	825	8.53	8.54	1.64
Wastwater	831	6.43	6.44	1.48	825	6.59	6.69	1.54
GDP	831	0.80	0.77	0.67	825	0.74	0.73	0.71
Urban	831	3.47	3.55	0.54	825	3.42	3.48	0.55
Open	831	−2.65	−2.96	1.53	825	−2.74	−2.80	1.57

二 基本回归分析

（一）绿色信贷对企业借款影响的检验

本章分别对全样本和 PSM 样本进行 DID 检验，其中 Post×Treatment 度量绿色信贷政策对"两高"行业借款的真实影响。如表5-5所示，列（1）为全样本中式（5-1）的回归结果，Post 系数不显著，说明对照组在绿色信贷政策发布之后银行借款未发生显著变化，Treatment 系数在1%水平下显著为正，说明"两高"企业在绿色信贷政策实施前所获得的新增银行借款显著多于对照组企业。最值得关注的是，Post×Treatment 的系数在5%水平下显著为负，说明绿色信贷政策实施后，"两高"企业所获得的新增银行借款显著减少。考虑到可能存在潜在的相关遗漏变量，本章也采用了另外一种 DID 估计形式，公式中省略 Post 和 Treatment，同时控制个体固定效应和时间固定效应，结果列示在列（2），Post×Treatment 的系数在10%水平下显著为负。列（3）和列（4）是 PSM 样本的回归结果，交互项的系数依然显著为负。

表 5-5　　　　　绿色信贷对企业借款影响的回归分析结果

	全样本		PSM 样本	
	（1）	（2）	（3）	（4）
Post	0.0020		0.0000	
	（0.5800）		（0.0500）	
Treatment	0.0520***		0.0360*	
	（3.0800）		（1.6800）	
Post×Treatment	-0.0110**	-0.009*	-0.0150**	-0.0140**
	（-2.1800）	（-1.7600）	（-2.4700）	（-2.3400）
Size	0.0060***	0.0070***	0.0040***	0.0050***
	（4.6800）	（4.8700）	（2.5900）	（2.7900）
Lev	-0.0250***	-0.0230***	-0.0220**	-0.0210**
	（-3.3300）	（-3.0500）	（-2.2000）	（-2.1100）
Roe	0.0590***	0.0590***	0.0530***	0.0530***
	（5.4900）	（5.4800）	（3.9700）	（4.0100）
Growth	0.0020	0.0020	-0.0000	0.0000
	（0.5300）	（0.6000）	（-0.0900）	（0.1100）
Offer	0.2260***	0.2270***	0.2420***	0.2450***
	（9.0200）	（9.0600）	（8.1900）	（8.2500）
Cfio	0.0810***	0.0800***	0.0740***	0.0730***
	（5.2000）	（5.1400）	（4.2500）	（4.1600）
Soe	0.0000	-0.0000	0.0030	0.0010
	（0.1200）	（-0.1400）	（0.6500）	（0.3400）
Cycle	0.0030	0.0140***	0.0050	0.0100***
	（0.7600）	（2.9300）	（1.0800）	（2.7500）
Fixed effects	Industry	Firm/year	Industry	Firm/year
N	11408	11408	7107	7107
Adj. R^2	0.0920	0.0920	0.0880	0.0890

（二）绿色信贷政策的社会外部性检验

本章从大气污染与水污染两个方面检验绿色信贷的实施效果，回归结果如表 5-6 所示。列（1）为因变量是二氧化硫排放量时的回归结果，列（2）为因变量是工业废水排放量时的回归结果。在列（1）

与列（2）中，Post 的系数为负值，通过显著性检验，说明受绿色信贷政策冲击较小的城市在政策公布后污染物的减少量较为明显；Most impacted cites 的系数在 1% 水平下显著为正，说明受绿色信贷政策影响较大的城市在政策实施之后污染物减排效果明显。而本章最关心的是 Post×Most impacted cites 的系数，列（1）中 Post×Most impacted cites 的系数在 1% 水平下显著为负，说明受绿色信贷政策影响较大的城市在绿色信贷实施后二氧化硫排放量明显减少；列（2）中 Post×Most impacted cites 的系数在 5% 水平下显著为负，说明受绿色信贷政策影响较大的城市在绿色信贷实施后工业废水排放量显著减少。

表 5-6　　　　绿色信贷政策的社会外部性检验的回归分析结果

	（1）	（2）	（3）	（4）
	SO_2	Wastwater	SO_2	Wastwater
Post	-0.1650**	-0.1020**		
	(-2.3900)	(-2.5400)		
Most impacted cites	0.3240***	0.2470***		
	(4.1400)	(3.6300)		
Post×Most impacted cites	-0.1640***	-0.0920**	-0.2310**	-0.1810*
	(-3.9700)	(-2.3900)	(-2.1400)	(-1.8700)
GDP	-0.5820***	-0.7660***	-0.1900**	-0.5300**
	(-9.3200)	(-10.7000)	(-2.4000)	(-2.3300)
Urban	0.2090***	0.1670***	0.1830**	0.1450**
	(5.2100)	(4.1400)	(2.5600)	(2.3800)
Open	-0.0010	-0.0070	-0.0010	-0.0050
	(-0.0200)	(-0.3800)	(-0.0300)	(-0.3300)
Fixed effects	Province	Province	City/year	City/year
N	1656	1656	1656	1656
Adj. R^2	0.3750	0.4520	0.4270	0.5530

三 稳健性检验

为检验 DID 估计的有效性，参考 Bertrand（2004）进行以下稳健性检验：①共同趋势检验；②安慰剂检验；③随机选取控制组；④删除 2007 年观测值。

在共同趋势检验中，将 Post 变量替换为年份虚拟变量，并产生交互项，以 2007 年作为基准年（Bertrand and Mullainathan，2003），结果如表 5-7 列（1）所示。在绿色信贷政策实施之前，Year-3×Treatment、Year-2×Treatment 和 Year-1×Treatment 的系数均不显著，表明处理组和对照组无显著差异，满足共同趋势假设；在绿色信贷政策实施后，Year+1×Treatment、Year+2×Treatment 的系数不显著，而 Year+3×Treatment 的系数在 1%水平下显著为负，Year+4×Treatment 的系数在 5%水平下显著为负，表明绿色信贷政策发挥作用存在两年的时滞。

在安慰剂检验中，本章利用反事实方法（范子英和田彬彬，2013），假定绿色信贷政策在 2005 年实施，样本区间为 2004—2007 年，结果如表 5-7 列（2）所示。Treatment×Post 的系数不显著，表明所观察到的效果是由绿色信贷政策所引起，而非其他因素。

本章将处理组设置为受绿色信贷政策影响较大的"两高"企业，在稳健性检验中，则"反事实"地另外随机选取处理组进行检验，结果如表 5-7 列（3）所示。Treatment×Post 的系数不显著，即当处理组不限定在"两高"样本中时，绿色信贷政策公布后处理组银行借款并无显著改变。表 5-7 列（4）为剔除 2007 年的样本之后的回归结果，结果显示 Treatment×Post 的系数在 5%水平下显著为负，结果未发生明显改变。

表 5-7　　　　　　绿色信贷对企业借款影响的稳健性检验

	（1）	（2）	（3）	（4）
	共同趋势检验	安慰剂检验	另选处理组	剔除 2007 年
Post	n. a.	−0.0010	−0.0040	0.0010
		（−0.1500）	（−1.2700）	（0.2700）

续表

	（1）	（2）	（3）	（4）
	共同趋势检验	安慰剂检验	另选处理组	剔除 2007 年
Year−3	−0.0210**			
	（−2.5600）			
Year−2	−0.0150			
	（−1.5400）			
Year−1	−0.0080			
	（−0.8800）			
Year+1	−0.0030			
	（−0.3200）			
Year+2	−0.0020			
	（−0.2000）			
Year+3	0.0120			
	（1.3200）			
Year+4	0.0040			
	（0.4900）			
Treatment	0.0280***	0.0810***	0.0170	0.0380*
	（2.8900）	（2.5900）	（1.4400）	（1.8400）
Treatment×Post	N.A	−0.0020	−0.0110	−0.0180**
		（−0.2200）	（−0.8600）	（−2.5400）
Year−3×Treatment	−0.0050			
	（−0.4200）			
Year−2×Treatment	0.0030			
	（0.2100）			
Year−1×Treatment	−0.0120			
	（−0.9500）			
Year+1×Treatment	−0.0170			
	（−1.3000）			
Year+2×Treatment	−0.0130			
	（−0.9300）			
Year+3×Treatment	−0.0360***			
	（−2.9300）			

续表

	（1）	（2）	（3）	（4）
	共同趋势检验	安慰剂检验	另选处理组	剔除 2007 年
Year+4×Treatment	−0.0280 ** （−2.4200）			
Other firm-level controls	√	√	√	√
Fixed effects	Industry	Industry	Industry	Industry
N	7107	3046	7107	6315
Adj. R^2	0.0870	0.0910	0.0880	0.0960

注：括号内为 t 统计量，并经公司层面的 Cluster 异方差修正，下同。

以上检验结果说明本章观察到的"两高"企业新增银行借款在绿色信贷政策公布后明显减少的结论是较为可靠的。

基于上述回归检验，本章又采用第二产业增加值占 GDP 的比重重新界定受政策影响较大的城市（Most impacted cites），当该值超过当年所有地级市的中位数时，Most impacted cites 取值为 1，否则为 0，检验结果见表 5-8。在控制变量方面，人均 GDP 的系数显著为负，结果与 Chen 等（2017）相同。以上结果说明绿色信贷政策的实施起到了保护环境、减少污染物排放的作用。

在估计绿色信贷的环境效应过程中，不可避免会受到其他政策的干扰，从而使绿色信贷的环境效应产生高估或者低估。为识别和解决这一问题，本章搜索了 2007 年绿色信贷政策实施之后的年份中的其他政策性事件，比如《国家酸雨和二氧化硫污染防治十一五规划》（2008 年 1 月）、《国务院关于进一步加大工作力度确保实现"十一五"节能减排目标的通知》（2010 年 5 月）。可推断，政府实施的各项环保措施均产生了一定降污效果，从而使本章绿色信贷的降低污染效果可能被高估。为识别这一影响，本章在基准公式中加入 2008 年和 2010 年两个政策虚拟变量，如果加入了政策虚拟变量后 2007 年绿色信贷政策的效果不再显著，则表明本章绿色信贷的环境效应并不存在，即本章结论不稳健；如果加入政策虚拟变量后 2007 年绿色信贷政策的效果依然显著但系数降低，则本章的估计结果存在高估现象，但并不影响本章结论，从侧面表明本章结果的相对稳健性。回归结果列示于表5-8，可见加入两个虚拟变量之后，Post×Most impacted cites 的系数略有缩小，但依然显著。

表5-8　　　　　绿色信贷政策的社会外部性的稳健性检验

	更换变量		控制其他政策	
	（1）SO$_2$	（2）Wastwater	（3）SO$_2$	（4）Wastwater
Post	−0.0382	−0.0273	−0.3290***	−0.3030***
	（−0.6300）	（−0.5200）	（−4.8000）	（−5.0700）
Most impacted cites	0.3180***	0.2040***	0.2980***	0.2230***
	（4.5200）	（3.3600）	（3.8400）	（3.3000）
Post×Most impacted cites	−0.3740***	−0.2950***	−0.2130***	−0.0970**
	（−6.3300）	（−5.7700）	（−3.7800）	（−1.9700）
GDP	−0.8220***	−0.8590***	−0.6070***	−0.7010***
	（−11.4700）	（−13.8500）	（−7.8300）	（−10.3900）
Other policies	—	—	√	√
Fixed effects	Province	Province	Province	Province
N	1656	1656	1656	1656
Adj. R^2	0.2670	0.3290	0.2770	0.3370

四　进一步研究

2007年有多项新政策出台，如何能保证观察到的效果是由绿色信贷政策实施所引发？为进一步排除其他政策影响的可能性，本节将样本限定在"两高"行业中，在"两高"样本中根据污染物排放强度和能源消耗情况将样本进行高低分组，如果污染程度更高的一组在政策实施后所受影响更大，则可以确定观察到的效果就是绿色信贷政策的政策效应，而非其他政策的随机影响。

在"两高"样本中，本节将火电、水泥、化工（化学原料及化学制品制造业、橡胶制造业、塑料制造业）、造纸行业划分为处理组，将其余行业作为对照组，进一步进行双重差分检验，回归结果见表5-9。表5-9列（1）和列（2）Post×Treatment 的系数均显著小于零，说明在"两高"行业内部，污染程度更高的企业在绿色信贷政策实施后新增银行借款比污染程度更低的企业减少得更明显。

表 5-9 绿色信贷政策与企业新增银行借款根据企业
污染程度分组的检验结果

	（1）	（2）
	Loan	Loan
Post	0.0010	
	（0.1400）	
Treatment	0.0450	
	（1.5400）	
Post×Treatment	−0.0210**	−0.0180**
	（−2.4600）	（−2.1700）
Size	0.0050**	0.0050**
	（1.9900）	（2.0100）
Lev	−0.0170	−0.0150
	（−1.1700）	（−1.0400）
Roe	0.0410**	0.0440**
	（2.2600）	（2.4200）
Growth	−0.0060	−0.0040
	（−0.9600）	（−0.7200）
Offer	0.1140***	0.1150***
	（2.8300）	（2.8300）
Cfio	0.2150***	0.2120***
	（8.8700）	（8.7900）
Soe	0.0010	−0.0000
	（0.0900）	（−0.0500）
Fixed effects	Industry	Industry/Year
N	3585	3585
Adj. R^2	0.1270	0.1270

沈洪涛（2017）指出，微观制度安排将会制约宏观政策对企业的影响。基于产权性质角度考量，我国政府与国有企业、非国有企业间

的关系具有天然差异。作为一项最为基础的微观制度，产权性质差异将深刻影响政府与企业之间针对环境问题所展开的博弈。一方面，作为国企的实际控制人，政府对国有企业的管理层人事安排起着至关重要的作用。因此，国企往往构成政府意志的表征。另一方面，国有企业具有规模大、员工多的特点，通常是一方支柱性企业，因此国有企业具有和政府展开协商的余地。譬如，重污染国企甚至可以迫使地方政府在环保监管中为之妥协。此外，国企较之于民企，通常能以隐性方式获取更多优惠，例如多数环境规制压力均由非国企承受，而国企则面临较轻的环境规制压力。可见，绿色信贷带来的信贷约束很可能由于产权异质性而表现出差异。本节为检验这一可能的差异化影响，依照产权性质（Soe）将全样本和 PSM 样本都划分为国企和非国企两个子样本进行检验，检验结果如表 5-10 所示。

表 5-10 列（1）和列（3）Post×Treatment 的系数未通过显著性检验，说明"两高"行业中的国有企业在绿色信贷实施后银行新增借款未明显减少。而列（2）和列（4）Post×Treatment 的系数显著为负，说明"两高"行业中的非国有企业在绿色信贷实施后新增银行借款显著减少。

表 5-10　　　　绿色信贷政策与企业新增银行借款根据
企业性质分组的检验结果

	全样本		PSM 样本	
	（1）国有企业	（2）非国有企业	（3）国有企业	（4）非国有企业
Post	0.0000	−0.0000	−0.0040	0.0170**
	（0.0700）	（−0.0100）	（−0.7200）	（2.3500）
Treatment	0.0460***	0.1480***	0.0270	0.1170***
	（2.6600）	（4.3300）	（1.2200）	（3.3200）
Post×Treatment	−0.0020	−0.0270***	0.0020	−0.0430***
	（−0.2900）	（−3.0000）	（0.2400）	（−4.1000）
Size	0.0030*	0.0100***	0.0010	0.0090***
	（1.9400）	（4.2800）	（0.3600）	（3.2400）

续表

	全样本		PSM 样本	
	（1）国有企业	（2）非国有企业	（3）国有企业	（4）非国有企业
Lev	−0.0220**	−0.0390***	−0.0180	−0.0380**
	（−2.3200）	（−3.1000）	（−1.4200）	（−2.4200）
Roe	0.0730***	0.0400**	0.0700***	0.0270
	（5.1400）	（2.4800）	（4.0000）	（1.3400）
Growth	0.0000	0.0040	−0.0000	0.0020
	（0.0400）	（0.8400）	（−0.0700）	（0.3100）
Offer	0.2450***	0.2040***	0.2980***	0.1790***
	（6.9700）	（5.7700）	（7.0600）	（4.5200）
Cfio	0.1240***	0.0220	0.1230***	0.0120
	（5.8600）	（1.0100）	（4.9900）	（0.5300）
Fixed effects	Industry	Industry	Industry	Industry
N	6993	4415	4343	2764
Adj. R^2	0.1250	0.0570	0.1340	0.0500

我国中西部地区与东部地区在市场化进程上存在明显差异，与中西部地区相比，东部地区经济发展水平更高，法制管理上也相对完善。中西部地区出于发展经济需要，环境治理与保护的力度可能更低，企业所面对的环境监管也可能较轻。因此，绿色信贷政策所产生的信贷约束可能因地域异质性而对企业产生差异化影响。

为检验在不同地区中，绿色信贷政策是否对企业构成差异化影响，本节按照企业注册地所在省份将全样本和 PSM 样本都划分为东部和中西部两个子样本进行检验，结果见表5-11。列（1）和列（3）Post×Treatment 的系数显著为负，列（2）和列（4）Post×Treatment 的系数不显著，说明位于东部地区的"两高"企业在绿色信贷政策实施后新增银行借款显著减少，而位于中西部地区的"两高"企业在绿色信贷政策实施后新增银行借款未发生明显变化。

表 5-11　　　　　绿色信贷政策与企业新增银行借款
根据地域分组的检验结果

	全样本		PSM 样本	
	（1）东部	（2）中西部	（3）东部	（4）中西部
Post	−0.0010	0.0020	0.0030	0.0050
	（−0.3700）	（0.3300）	（0.5400）	（0.6000）
Treatment	0.0800***	0.0080	0.0380	0.0420
	（3.9100）	（0.4700）	（1.3700）	（1.6200）
Post×Treatment	−0.0180***	0.0000	−0.0220***	−0.0030
	（−2.8200）	（0.0300）	（−2.9700）	（−0.2900）
Size	0.0070***	0.0060**	0.0050**	0.0060*
	（4.2900）	（2.4200）	（2.3500）	（1.8300）
Lev	−0.0270***	−0.0300**	−0.0270**	−0.0220
	（−3.0900）	（−2.1000）	（−2.2100）	（−1.2800）
Roe	0.0600***	0.0560***	0.0490***	0.0520**
	（4.2400）	（3.2700）	（2.7700）	（2.5500）
Growth	−0.0010	0.0070	−0.0040	0.0090
	（−0.3700）	（1.2000）	（−1.0600）	（1.1400）
Offer	0.2390***	0.1900***	0.2580***	0.2060***
	（7.9000）	（4.2900）	（7.3800）	（3.7300）
Cfio	0.0560***	0.1360***	0.0540***	0.1190***
	（2.9800）	（4.7300）	（2.5900）	（3.5900）
Soe	−0.0050	0.0080	−0.0030	0.0120*
	（−1.4400）	（1.5800）	（−0.7100）	（1.7200）
Fixed effects	Industry	Industry	Industry	Industry
N	7836	3572	4759	2348
Adj. R^2	0.0830	0.1190	0.0830	0.1000

借鉴沈洪涛和马正彪（2014）所采用的方法，本节根据样本公司注册地所在城市上期（t−1）GDP 增幅在其属省份中排名较前一期（t−2）排名的变动，构建虚拟变量 GDP_ Pressure 衡量地区经济发展压力，若当地 GDP 增幅在省内排名下降，说明当地政府面临经济发

展压力大，GDP_ Pressrue 为 1；反之，GDP_ Pressrue 为 0。

本节分别在全样本和 PSM 样本中根据 GDP_ Pressure 分组，分组回归结果列示于表 5-12。列（1）和列（3）中，经济发展压力大的地区 Post×Treatment 的系数不显著，而在列（2）中，Post×Treatment 的系数在 5% 水平下显著为负，在列（4）中 Post×Treatment 的系数在 10% 水平下显著。上述结果表明，相比于本省其他地区，经济发展压力小的地区"两高"企业在政策实施后新增银行借款减少更明显，即绿色信贷政策在地区经济发展压力小的地区实施效果更明显。

表 5-12　　　　绿色信贷政策与企业新增银行借款根据
地区经济发展压力分组的检验结果

	全样本		PSM 样本	
	（1）地区发展压力大	（2）地区发展压力小	（3）地区发展压力大	（4）地区发展压力小
Post	0.0030	-0.0020	0.0100	0.0000
	(0.5100)	(-0.6800)	(1.2600)	(0.0800)
Treatment	0.0390	0.0590***	0.0540*	0.0310
	(1.0700)	(3.0700)	(1.8300)	(1.2700)
Post×Treatment	0.0010	-0.0150**	-0.0070	-0.0150*
	(0.0600)	(-2.1700)	(-0.6400)	(-1.8800)
Size	0.0090***	0.0070***	0.0090***	0.0030
	(3.7300)	(3.7600)	(3.0000)	(1.3300)
Lev	-0.0150	-0.0460***	-0.0210	-0.0410***
	(-1.1700)	(-4.7900)	(-1.2900)	(-3.1600)
Roe	0.0570***	0.0610***	0.0530**	0.0400**
	(3.3700)	(4.0200)	(2.4400)	(2.1500)
Growth	-0.0010	0.0020	-0.0020	0.0020
	(-0.1600)	(0.5400)	(-0.3100)	(0.3000)
Offer	0.1730***	0.2740***	0.1710***	0.3050***
	(4.6400)	(7.7000)	(3.8500)	(7.4200)
Cfio	0.0700***	0.0800***	0.0610**	0.0800***
	(2.7400)	(3.8900)	(2.0600)	(3.5500)

续表

	全样本		PSM 样本	
	(1) 地区发展 压力大	(2) 地区发展 压力小	(3) 地区发展 压力大	(4) 地区发展 压力小
Soe	−0.0070	0.0080**	−0.0080	0.0110**
	(−1.3800)	(2.1800)	(−1.1800)	(2.1100)
Fixed effects (Province/Industry)	√	√	√	√
N	4156	6317	2589	3853
Adj. R^2	0.0800	0.1100	0.0670	0.1160

第五节　结论与研究启示

本章以 2004—2011 年 A 股上市公司为样本，选取"两高"行业中的企业作为处理组，其余为对照组，通过采用上述倾向得分匹配法（PSM）和双重差分法（DID），评估验证了绿色信贷政策的实施对遏制信贷资金流向"两高"行业的影响以及对改善环境质量的效果。此外，本章还进一步检验了在不同污染程度、不同产权性质、不同地域以及不同区域发展压力之下绿色信贷政策实施效果的差异。

第一，在微观上，绿色信贷政策显著减少了"两高"企业的新增银行借款，且经过一系列 DID 稳健性检验后结论依然显著；在宏观上，受绿色信贷政策冲击较大的城市二氧化硫排放量和工业废水排放量均已明显减少，生态环境质量有所改善。

第二，研究发现，在"两高"行业中，污染程度严重的企业受政策影响更为明显；较之国有企业，非国有企业受到绿色信贷政策的约束更强；较之中西部地区企业，东部地区企业受到绿色信贷政策的约束更强；较之经济发展压力大的地区企业，经济发展压力小的地区企业受政策影响更为明显。

上述实证结果表明，实施绿色信贷政策总体效果理想，符合当下中国的生态需求和经济发展需求，不但控制了信贷资金流向"两高"行业，也在一定程度上促进了节能减排，改善了环境质量。从中可以得到以下启示：一是对政府而言，在生态环境保护方面除采取必要的行政管制措施之外，有必要进一步加强绿色信贷政策的实施力度；二是对银行而言，作为绿色信贷政策的实施主体，应当积极创造条件推行绿色信贷，采取差异化的定价引导资金流向更加环保的产业及企业，这样既有利于摆脱长期困扰的贷款"呆账""宕账"困境，提升商业银行的经营绩效，也有利于优化产业结构和能源结构，促进经济可持续发展；三是对"两高"企业而言，绿色信贷政策的实施将迫使企业更加关注自身生产经营过程中的环境风险，提高企业环境治理的主动性，从而达到节能减排目的。

第六章

绿色信贷政策影响"两高"企业权益融资的机制研究

第一节 引言

自 2007 年我国绿色信贷政策正式出台后，中国银行业监督管理委员会于 2012 年制定并发布《绿色信贷指引》，指导银行业金融机构建设相关风险管理体系、完善信贷政策制度，对其开展绿色信贷工作做出明确要求与具体安排，标志着绿色信贷政策的进一步发展。绿色信贷是绿色金融政策的主要内容，其核心在于通过高门槛、高利率、融资约束等措施加强对高污染、高耗能行业的信贷管制，限制其发展，引导其绿色转型，从而将生态文明建设融入经济社会发展中，促进经济可持续发展。随着绿色信贷政策的不断发展和完善，全民环保、低碳意识的日益提高，我国投资者群体日益关注"低碳经济""绿色经济"等相关领域，逐渐将企业环保行为、社会责任感等因素纳入投资决策中，注重结合环境表现来评价企业价值。

基于上述背景分析和已有研究，本章对绿色信贷如何影响"两高"企业（高污染、高耗能企业）权益资本成本以及投资者信心的中介效应进行探究。本章以"两高"企业为处理组，其他企业为对照组，通过 PSM-DID 方法从权益资本成本角度分析绿色信贷政策如何影响"两高"企业的权益融资活动,并进一步展开作用机制研究,探讨投资者信心在该影响中的中介作用。此外,本章就产权性质和地区经济发展水平进行异质性分析,探析不同情况下绿色信贷政策对"两高"企业权益融资活动的实施效果。

本章可能的贡献主要体现在以下三方面:首先,首次从企业权益资本成本角度研究绿色信贷政策的实施效果,并引入投资者信心作为中介变量,为绿色信贷对企业权益融资活动的影响提供经验检验,丰富了相关研究;其次,采用 PSM-DID 方法准确识别绿色信贷政策与企业权益资本成本的关系,检验《绿色信贷指引》的实施净效应,解决了绿色信贷研究所面临的被投入企业绿色信贷相关数据无法获取的问题;最后,通过研究地区经济发展水平对绿色信贷政策与"两高"企业权益资本成本关系的影响,考察各地区市场环境、制度建设和政策实施差距,探寻可能对绿色信贷政策实施效果产生影响的制度与市场因素,揭示目前绿色金融发展不平衡的现状,为促进绿色金融全面发展提供经验支持。

第二节 理论分析与研究假设

为检验绿色信贷政策的有效性,学术界对其实施效果展开了一系列研究,主要分为宏观层面、中观层面和微观层面。在宏观层面上,绿色信贷政策实施效果主要集中于节能减排(Gantman and Dabos,2012)、环境质量(刘莎和刘明,2020)、经济增长(柴晶霞,2018)等方面。中观层面的经济后果研究主要围绕绿色信贷对商业银行的盈利能力(王晓宁和朱广印,2017)、经营效率(龚玉霞等,2018)以及信贷风险(孙光林等,2017)等的影响。随着绿色信贷体系不断发展,政策微观效果逐渐显现,学术界开始重视绿色信贷对被投入主体的微观影响。近年来,学者通过实证检验分析了绿色信贷对上市公司创新绩效(陆菁等,2021)、投资行为(苏冬蔚和连莉莉,2018)、债务期限(蔡海静,2013)、新增银行借款(蔡海静等,2019)、债务融资成本（连莉莉，2015；Xu and Li，2020）、融资便利性（牛海鹏等，2020；丁杰和胡蓉，2020）等要素的影响，基于被投入企业视角研究了绿色信贷政策的微观效果。此外，合理的资本结构对企业发展具有重要意义，长期被学术界所关注。然而，当前有关绿色信贷对被投入企业资本结构的影响研究多涉及债务融资方面，如伍中信等（2013）在对绿色信贷与企业资本结构的研究中仅探讨了债务层面的影响，而关于绿色信贷如何影响上市公司权益融资，尚缺乏相关研究和验证。

权益资本成本受到诸多因素影响，国内外学者主要从公司内部和公司外部这两个角度展开研究。在内部影响因素方面，李力等（2019）以重污染行业上市公司为样本，研究发现企业碳绩效与碳信息披露质量显著正相关，且碳信息披露质量越高，企业权益资本成本越低。魏卉和姚迎迎（2019）提出，技术创新会通过提高企业竞争力和吸引投资者关注来降低企业权益资本成本。高小芹（2021）研究发现，企业的高治理质量会显著降低权益资本成本，但在金融发展水平高的地区该影响不显著。在复杂多变的经济形势下，外部环境对企业权益资本成本的影响研究逐渐深化。封雨和叶敏文（2014）的研究表明，发达的金融市场环境会通过提高信息披露质量等路径对企业权益资本成本产生影响。喻灵（2017）研究发现，股价崩盘风险与企业权益资本成本显著正相关，并且机构投资者的信息传递作用会显著降低该影响。张丹丹等（2019）指出，投资者情绪会对企业权益资本成本产生显著的负向作用。Li等（2017）以重污染企业为样本，研究发现关于企业低碳活动的媒体报道会显著降低企业权益资本成本，而市场化进程会弱化该种影响。此外，国家宏观经济政策与上市公司权益资本成本紧密相关，如杨忠海（2020）提出在紧缩货币政策下，会计信息可比性的提高会降低企业权益资本成本。

综上所述，国内外现有关于绿色信贷政策实施效果的研究主要集中在宏观层面和中观层面，基于被投入企业这一微观视角的相关文献较少，且其中从企业资本结构角度入手的文献均仅探讨了绿色信贷政策对企业债务融资活动的影响，而作为企业融资重要来源的权益融资活动如何受影响却被学术界所忽视。此外，国内外学者主要就企业治理质量、股票崩盘风险、投资者情绪等要素探讨了权益资本成本的内外部影响因素，尚未直接探讨绿色信贷政策对上市公司权益资本成本的影响。因此，本章将绿色信贷政策和权益资本成本纳入同一研究框架，以投资者信心为中介变量研究绿色信贷政策对"两高"企业权益资本成本的作用机制，以填补相关领域研究空白。

绿色信贷政策通过区别化的信贷政策进行信贷资源的优化配置，旨在缓解绿色企业融资难问题，并通过融资约束抑制"两高"企业的盲目发展，促进其积极寻求转型。绿色信贷政策主要通过信贷约束、政府环保干预与绿色理念的推广遏制"两高"企业发展，影响市场投资者的投资行为，进而影响企业权益资本成本。

在绿色信贷政策下，商业银行将企业环保状况作为审批贷款的必备条件之一，通过高贷款成本和贷款门槛等措施抑制信贷资源向"两高"企业流动，从而对其实施融资约束，阻碍其发展。绿色信贷对"两高"企业发展的遏制作用最终在企业年度报表中得以体现，从而降低企业在资本市场中的投资价值。抑制"两高"企业融资和发展会向资本市场传递消极信号，削弱其对"两高"企业的资源配置力度，投资意愿弱化和资金供给量减少将提高"两高"企业的权益资本成本。同时，绿色信贷约束作用亦会对"两高"企业的创新绩效、融资便利性、投资效率等产生消极影响（陆菁等，2021；苏冬蔚和连莉莉，2018；丁杰和胡蓉，2020），进一步导致其权益资本成本提高。此外，绿色信贷政策将引发环境规制趋严，"两高"企业将面临更严格的监督和惩罚力度，迫使其在困境中开展技术创新以促进企业转型。强监管和高惩罚使"两高"企业面临较高的环境违法风险和退出风险，企业经营环境存在较大不确定性。基于利益相关者理论，由于需要承担被投资企业的环境风险，市场投资者出于自身利益考虑会提高对"两高"企业的预期回报。同时，我国近年来大力推进经济社会发展绿色转型，持续深化绿色发展理念，企业环境声誉的重要性日益突显。相较于其他企业，"两高"企业缺乏环境友好和可持续发展的市场形象，而其社会声誉下降可能导致"两高"企业以较高的资本成本进行外部融资。

基于上述分析，本章提出假设：

H6-1：与其他企业相比，绿色信贷政策提高了"两高"企业的权益资本成本。

第三节　研究设计

一　样本选择与数据来源

本章基于 PSM-DID 模型检验绿色信贷政策对"两高"企业权益资本成本的影响，选取 2007—2016 年 A 股上市公司作为研究对象，处理组为"两高"企业，对照组为其他企业。本章的"两高"企业样本根据 2008 年国家环保部印发的《上市公司环保核查行业分类管理名录》中主要的 16 类重污染行业和《2010 年国民经济和社会发展统计报告》中 6 类高耗能行业筛选获得。同时，按以下标准处理样本：①剔除 ST 公司；②剔除 AH 股上市公司；③剔除金融行业上市公司；④剔除 2012 年之后（含 2012 年）成立的公司；⑤剔除数据缺失的样本；⑥对连续型变量进行前后 1% 的缩尾处理；⑦进行倾向得分匹配，剔除未匹配的样本。本章最终获得 4249 个样本观测值，数据主要来源于国泰安数据库。

二　变量定义

（一）被解释变量

权益资本成本是指投资者为被投资企业提供资金所要求的收益率，即企业取得权益资本所需付出的代价。考虑数据可获得性和估计准确性，本章采用以公司收益为基础的剩余收益模型进行权益资本成本估价。毛新述等（2012）通过检验不同权益资本成本的估计方法有效性，发现剩余收益模型中的 PEG 模型和 OJN 模型能更恰当考虑各类风险影响，更符合我国资本市场的实际情况。因此，本章采用 Easton（2004）的 PEG 模型估计权益资本成本进行主检验，并且采用 Ohlson 等（2005）提出的 OJN 模型估计权益资本成本进行稳健性检验，公式分别如下：

$$R_{peg} = \sqrt{\frac{eps_{t+2} - eps_{t+1}}{P_t}} \tag{6-1}$$

其中，R_{peg} 表示使用 PEG 模型估计的权益资本成本；eps_{t+2} 为分析师预测的第 t+2 期每股收益均值；eps_{t+1} 为分析师预测的第 t+1 期每股收益均值；P_t 为公司第 t 期期末的每股价格。

$$R_{ojn} = \frac{1}{2} \left[(r-0.03) + \frac{k \times eps_{t+1}}{P_t} \right] +$$

$$\sqrt{\frac{1}{4} \left[(r-0.03) + \frac{k \times eps_{t+1}}{P_t} \right]^2 + \frac{eps_{t+1}}{P_t} \left[\frac{eps_{t+2} - eps_{t+1}}{eps_{t+1}} - (r-0.03) \right]} \quad (6-2)$$

其中，R_{ojn} 表示使用 OJN 模型估计的权益资本成本；k 为过去三年的平均股利支付率；r-0.03 表示长期经济增长率，将其设定为 5%；其他变量定义与式（6-1）相同。

（二）解释变量

双重差分交互项 Post×Treat 为核心解释变量，其系数估计值表示绿色信贷政策影响"两高"企业权益资本成本的净效应。其中，分组虚拟变量 Treat 表示是否为"两高"企业，若为"两高"企业，Treat 取值为 1，否则取值为 0。时间虚拟变量 Post 以 2012 年《绿色信贷指引》印发为界，2012 年及之后，Post 取值为 1，否则取值为 0。

（三）中介变量

目前，投资者信心这一变量尚无直接度量方式。本章参照雷光勇等（2012）、杜勇等（2014）的做法，综合考虑市场层面和公司层面的影响因素，选择股票年换手率（TO）、市净率（PB）以及主营业务收入增长率（GROW）这三项指标，对其进行主成分分析并提取特征值大于 1 的前两个主成分，累计贡献率为 74.952%，最终得到投资者信心指数方程：

$$Ic = 0.3390 \times PB + 0.2394 \times TO + 0.3933 \times GROW \quad (6-3)$$

表 6-1　　　　　　　　　　变量及其定义一览

变量性质	变量名称	变量符号	变量定义
被解释变量	权益资本成本	PEG	根据 PEG 模型计算所得
		OJN	根据 OJN 模型计算所得

续表

变量性质	变量名称	变量符号	变量定义
解释变量	双重差分变量	Post×Treat	政策的净效应
	时间虚拟变量	Post	2012 年之前取 0，2012 年及之后取 1
	分组虚拟变量	Treat	"两高"企业取 1，其他企业取 0
中介变量	投资者信心	Ic	通过主成分分析构建信心指数计算
控制变量	负债水平	Lev	负债总额除以资产总额
	营业收入增长率	Growth	（本年营业收入-上年营业收入）/上年营业收入
	总资产净利润率	Roa	净利润除以总资产
	贝塔系数	Beta	分市场年 Beta 值
	市值规模	Size	公司市值的自然对数
	账面市值比	BM	股东权益账面价值除以市场价值
	股权集中度	Shrcr	第一大股东持股比例
	公司	Id	个体固定效应，控制个体特征影响
	年份	Year	年份固定效应，控制年份影响

三　公式设计

（一）倾向得分匹配法

由于处理组和对照组在可观测特征上存在较大差异性，仅通过双重差分模型无法获得绿色信贷政策对"两高"企业权益资本成本的净效应。而倾向得分匹配法（PSM）不仅可以在一定程度上缓解内生性，还可以通过对照组的精确选择减少普通 OLS 回归可能存在的误差。本章借鉴刘晔等（2016）的相关研究，通过逐年匹配方法为各年"两高"企业的处理组分别寻找相匹配的对照组，解决样本选择偏差和异质性问题，从而确保处理组和对照组满足共同趋势假设。本章选择 1∶2 最近邻匹配且允许重复匹配的方法，以相同年份为原则将"两高"企业和其他企业中控制变量特征相同或相近的样本进行逐年匹配，获得处理组和对照组，较大程度确保样本的准确性和完整性。具体步骤如下：

（1）选择待匹配的控制变量，本章选取 Lev、Growth、Roa、Beta、Size、BM、Shrcr作为匹配变量。

（2）计算倾向得分。以虚拟变量Treat为因变量，当Treat取1时表示"两高"企业处理组，取0时表示对照组，以控制变量为自变量，逐年运用Logit估计处理组和对照组的控制变量倾向得分。倾向得分将两组研究对象的多个考察维度统一到一维，即一个概率数值，从而能更准确地度量样本之间的差异，实现精准匹配。Logit模型的计算公式如下：

$$Treat = \alpha_0 + \alpha_1 Lev + \alpha_2 Growth + \alpha_3 Roa + \alpha_4 Beta + \alpha_5 Size + \alpha_6 BM + \alpha_7 Shrcr + \varepsilon$$

$$(6-4)$$

（3）匹配处理组和对照组的企业。根据上一步骤估算的每个企业的倾向得分对两组样本按1∶2最近邻匹配法进行逐年匹配，并舍弃不满足匹配条件的样本，从而得到符合共同趋势假定的处理组和对照组。

（4）根据两组数据的倾向得分是否相近以及其各控制变量均值差异是否显著进行共同支撑检验和平衡性检验。

（二）双重差分模型

双重差分法（DID）被广泛应用于分析政策实施效果，其原理是在反事实框架下根据外生政策将样本分为处理组和对照组，对被观测变量在未实施政策和实施政策的不同情况下如何变化进行检验，排除环境效应等影响，从而有效缓解普通OLS回归中存在的内生性问题。

为探讨绿色信贷政策对"两高"企业权益资本成本的作用机制，部分文献会对政策实施前后的"两高"企业权益资本成本进行差分，但这种单差法会因忽略大环境影响而产生有偏估计。此外，绿色信贷政策是不受单个企业影响的外生政策，为构建准自然实验进行政策净效应检验提供了有利条件。因此，本章使用PSM方法获得处理组和对照组，处理组是"两高"企业，对照组是其他企业，通过横向和纵向双重差分构建式（6-5）检验绿色信贷政策对"两高"企业权益资本成本的净政策效应。此外，本章借鉴温忠麟和叶宝娟（2014）在研究中提出的中介效应检验方法，在式（6-5）的基础上，构建式（6-6）和式（6-7）对投资者信心在绿色信贷和"两高"企业权益资本成本关系中的中介传导作用进行检验。式（6-5）至式（6-7）如下：

$$PEG_{i,t} = \beta_0 + \beta_1 Post \times Treat + \beta_j Controls_j + Id_i + Year_i + \varepsilon_{i,t} \qquad (6-5)$$

$$Ic_{i,t} = \gamma_0 + \gamma_1 Post \times Treat + \gamma_j Controls_j + Id_i + Year_i + \varepsilon_{i,t} \qquad (6-6)$$

$$PEG_{i,t} = \delta_0 + \delta_1 Post \times Treat + \delta_2 Ic_{i,t} + \delta_j Controls_j + Id_i + Year_i + \varepsilon_{i,t} \qquad (6-7)$$

其中，β_0、γ_0、δ_0 表示常数项，β_j、γ_j、δ_j 是解释变量待估计系数，ε 为随机扰动项；Id_i 表示个体固定效应，对于较为粗糙的分组变量 Treat 进行替代，从而能够更精确地反映个体特征；$Year_i$ 表示时间固定效应，对较为粗糙的政策实施变量 Post 进行替代，从而能够更精确地反映时间特征。式（6-5）至式（6-7）的交互项 Post×Treat 的系数 β_1、γ_1、δ_1 分别表示绿色信贷政策实施对"两高"企业的权益资本成本和投资者信心的净影响。

第四节 实证结果与分析

一 描述性统计分析

表6-2反映了本章样本主要变量的描述性统计结果。权益资本成本的均值为 11.00%，最大值为 25.80%，最小值为 3.00%，标准差为 0.0420，表明样本中企业的权益资本成本存在一定差异。投资者信心的均值为 2.7050，体现出我国投资者信心水平普遍较弱，这可能源于我国资本市场的发展水平不高。投资者信心的最大值为 8.7720，最小值为 0.6080，标准差为 1.5290，反映出不同样本企业在不同年份的投资者信心存在较大差异。时间虚拟变量均值为 0.5630，说明政策实施之后的样本占 56.30%。分组虚拟变量的均值为 0.4080，说明"两高"企业样本占 40.80%。此外，企业规模的数据差异较大，这说明样本中企业规模不一。营业收入增长率和总资产净利润率的最大值、最小值与平均值之间也存在一定差异。营业收入增长率的最小值为负值，这表明样本中存在负增长的企业。总资产净利润率的最小值也为负值，这说明样本中部分企业经营状况较差，缺乏一定获利能力。

表 6-2　　　　　　　　　　主要变量描述性统计

变量名称	样本数	均值	标准差	最小值	最大值
PEG	4249	0.1100	0.0420	0.0300	0.2580
Ic	4249	2.7050	1.5290	0.6080	8.7720
Post	4249	0.5630	0.4960	0.0000	1.0000
Treat	4249	0.4080	0.4910	0.0000	1.0000
Lev	4249	0.4400	0.1960	0.0540	0.8510
Growth	4249	0.1520	0.5480	−0.5830	9.6010
Roa	4249	0.0560	0.0460	−0.0390	0.2050
Beta	4249	1.0670	0.2370	0.4900	1.6710
Size	4249	23.0100	1.0690	20.7600	25.8000
BM	4249	0.6080	0.2360	0.1340	1.0730
Shrcr	4249	0.3840	0.1570	0.0930	0.7700

二 倾向得分匹配结果分析

本章以相同年份为原则，基于 1∶2 最近邻匹配方法对样本进行逐年匹配。由于各年结果相似，本章仅汇报 2016 年倾向得分匹配结果。均衡性检验结果见表 6-3，匹配后全部变量在处理组和对照组之间的均值差距较小，标准化偏差的绝对值均小于 5%，并且匹配后的 t 统计量均小于 1.65，即均不拒绝两组数据不存在系统性差异的假设。因此，平衡性假设得到满足，基于倾向得分匹配方法的匹配效果较为理想。此外，各协变量在匹配前后的标准差变动情况如图 6-1 所示，匹配后变量在处理组和对照组之间均值差异较小，其标准化偏差均控制在较小范围内，这说明匹配后样本可支撑本章后续研究。

表 6-3　　　　　　　匹配前后可观测变量平衡性检验结果

变量	类型	均值		标准化偏差（%）	标准化偏差变化（%）	t 值	P>|t|
		处理组	对照组				
Lev	匹配前	0.4209	0.4339	−6.60	94.80	−0.8600	0.3900
	匹配后	0.4217	0.4224	−0.30		−0.0300	0.9720
Growth	匹配前	0.2824	0.5900	−27.60	88.60	−3.0700	0.0020
	匹配后	0.2867	0.3216	−3.10		−0.4500	0.6530

续表

变量	类型	均值		标准化偏差（%）	标准化偏差变化（%）	t 值	P>|t|
		处理组	对照组				
Roa	匹配前	0.0465	0.0468	-0.90	-19.00	-0.1200	0.9070
	匹配后	0.0466	0.0462	1.00		0.1000	0.9220
Beta	匹配前	1.1248	1.1770	-22.30	89.50	-2.9900	0.0030
	匹配后	1.1274	1.1218	2.30		0.2300	0.8170
Size	匹配前	23.4820	23.2130	30.80	98.60	3.9400	0.0000
	匹配后	23.4800	23.4760	0.40		0.0400	0.9670
BM	匹配前	0.5918	0.5499	18.50	74.30	2.5100	0.0120
	匹配后	0.5909	0.6016	-4.80		-0.4700	0.6410
Shrcr	匹配前	0.3734	0.3527	14.00	64.60	1.8200	0.0700
	匹配后	0.3724	0.3797	-5.00		-0.4900	0.6260

如图 6-2 所示，绝大部分观测值都在倾向得分的共同取值范围内，符合共同支撑假设这一要求。如图 6-3 所示，匹配前处理组和对照组的核密度函数图存在一定差异，可能存在样本选择偏差。通过倾向得分匹配，处理组和对照组的核密度函数图几乎重叠，能够保持共同趋势。由此可见，匹配后的样本符合共同趋势假设的要求。

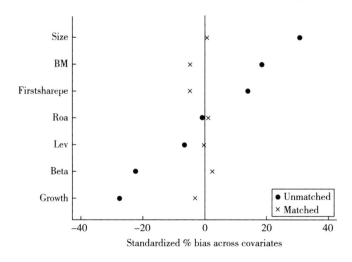

图 6-1　PSM 前后各变量标准化偏差

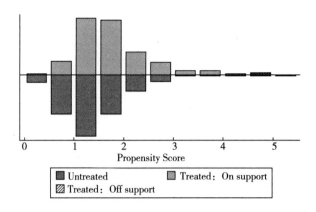

图6-2　倾向得分的共同取值范围

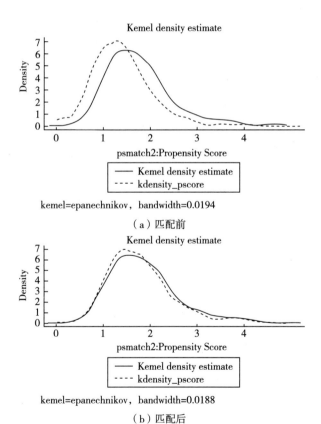

图6-3　倾向得分值概率分布密度函数

三 基本回归分析

由前文倾向得分匹配结果分析可知，匹配后获取的样本满足 PSM-DID 的前提条件，因此本节采用匹配后的样本根据式（6-5）进行双重差分分析，检验假设 H6-1。控制其他变量前，回归结果如表 6-4 列（1）所示，双重差分变量 Post×Treat 的系数为 0.0040，t 检验统计量为 1.8600，在 10% 的水平下显著为正，这初步说明了绿色信贷政策的实施会导致"两高"企业权益资本成本提高。控制其他变量后，回归结果如表 6-4 列（2）所示，双重差分变量 Post×Treat 的系数为 0.0050，t 检验统计量为 2.0300，在 5% 的水平下显著为正，这进一步说明相对于其他企业，绿色信贷政策显著提高了"两高"企业的权益资本成本，假设 H6-1 成立。

表 6-4 绿色信贷政策与企业权益资本成本的实证分析结果

	PEG	
	（1）	（2）
Post×Treat	0.0040*	0.0050**
	（1.8600）	（2.0300）
Lev		0.0030
		（0.4400）
Growth		−0.0020*
		（−1.7700）
Roa		0.0700***
		（3.0800）
Beta		0.0040
		（1.2000）
Size		0.0070***
		（3.2600）
BM		0.0380***
		（6.6600）
Shrcr		−0.0210*
		（−1.6900）

续表

	PEG	
	（1）	（2）
Constant	0.0500	−0.1150**
	（1.5900）	（−2.0700）
N	4249	4249
R^2	0.6160	0.6230
ID FE	√	√
Year FE	√	√

四 稳健性检验

本节对主检验回归结果和结论进行稳健性检验，主要通过更换权益资本成本衡量方式、更换 PSM 匹配方法以及反事实检验进行。

（一）更换权益资本成本衡量方式

前文的主体回归部分已经运用 PEG 模型估算企业权益资本成本，本节继续采用 OJN 模型的估算方式来衡量权益资本成本，对式（6−5）进行回归，进一步检验本节结论的稳健性。由表6−5列（1）可知，双重差分变量 Post×Treat 的系数为0.0060，在5%的水平下显著，这表明绿色信贷政策会提高"两高"企业的权益资本成本，与主检验结论一致，主检验回归结果具有稳健性。

表 6−5　　　　　　　　稳健性检验的实证分析结果

	（1）	（2）	（3）	（4）
	OJN 模型计算	局部线性匹配	政策时点前推	政策时点后推
	OJN	PEG	PEG	PEG
Post×Treat	0.0060**	0.0050**		
	（2.2000）	（2.0100）		
Post_pre×Treat			−0.0050	
			（−1.3000）	
Post_post×Treat				−0.0000
				（−0.1400）

续表

	（1）	（2）	（3）	（4）
	OJN 模型计算	局部线性匹配	政策时点前推	政策时点后推
	OJN	PEG	PEG	PEG
Lev	−0.0020	0.0050	0.0060	0.0040
	（−0.2800）	（0.6700）	（0.3800）	（0.2900）
Growth	−0.0030**	−0.0030**	−0.0000	−0.0040*
	（−2.0600）	（−2.3500）	（−0.2000）	（−1.930）
Roa	0.0500**	0.0780***	0.0770*	0.0440
	（1.9900）	（3.4400）	（1.8600）	（1.1900）
Beta	0.0040	0.0040	−0.0020	0.0030
	（0.9700）	（1.1900）	（−0.3500）	（0.6200）
Size	0.0050**	0.0060***	0.0010	0.0100**
	（2.2500）	（2.6200）	（0.1600）	（2.4300）
BM	0.0380***	0.0350***	0.0500***	0.0500***
	（6.1800）	（6.1400）	（4.3600）	（5.3000）
Shrcr	−0.0180	−0.0190	0.0450	−0.0140
	（−1.3100）	（−1.5000）	（1.3700）	（−0.6500）
Constant	−0.0530	−0.0880	0.0920	−0.1600*
	（−0.8700）	（−1.5700）	（0.8500）	（−1.7400）
N	4249	4220	1856	2393
R^2	0.5980	0.6250	0.7630	0.6990
ID FE	√	√	√	√
Year FE	√	√	√	√

（二）更换 PSM 匹配方法

倾向得分匹配法的具体匹配方法多种多样，本节继续采用局部线性回归匹配法，同样对样本进行逐年匹配，并以匹配后的样本对式（6-5）进行回归。对表 6-5 列（2）的回归结果进行类似分析可知，采用局部线性回归匹配的回归结果与主检验中采用最近邻匹配方法的结果具有一致性，这说明了不同匹配方法的稳健性。

（三）反事实检验

考虑其他随机因素可能会对企业权益资本成本产生影响，本节通过改变政策实施时点进行反事实检验，即假设政策干预发生在其他时点，若"两高"企业的权益融资状况确实受到绿色信贷政策的影响，那么在反事实检验中双重差分变量 Post×Treat 的系数与主检验中的回归结果应存在明显差异。具体而言，本节分别选取政策实施前后的两个期间作为反事实检验中的数据样本，即政策实施前的 2007—2011 年和政策实施后的 2012—2016 年，并假设政策实施时点分别前推和后推两年，从而对样本进行回归估计假想政策的效果，结果如表 6-5 所示。由表 6-5 列（3）可知，政策实施时点前推的样本回归结果中，双重差分变量 Post_ pre×Treat 的估计系数不显著；由表 6-5 列（4）可知，政策实施时点后推的样本回归结果中，双重差分变量 Post_ post×Treat 的估计系数不显著。因此，假设在其他时点实施的政策效应均不显著，这在一定程度上表明提高"两高"企业权益资本成本的因素并非来自其他干扰因素，而是很大程度上源于绿色信贷政策的政策效应。

五 进一步研究

（一）投资者信心的中介效应

投资者信心是积极的投资者情绪，是指投资者根据可获得信息综合分析市场和企业的发展状况后，对未来产生乐观预期。根据有效市场理论，我国正处于弱式有效市场，理性投资者只能结合宏观环境、行业、公司等因素进行分析以做出投资决策。绿色信贷政策传递着支持环境友好型行业发展的信号，这种政策倾向会弱化投资者对高污染、高耗能行业的信心。同时，绿色信贷对"两高"企业的融资约束致使相关企业创新与财务绩效表现不佳且经营风险增加，导致投资者所面临的投资风险较高，有损投资者的乐观情绪。此外，在绿色信贷政策背景下，社会各界日益重视经济绿色发展，而"两高"企业作为非环境友好型企业，在资本市场上的企业声誉相对较差。由于声誉是向外传递企业价值的重要信号，投资者对于"两高"企业的未来很可能持消极预期。同时，政府对企业环境表现的重视以及投资者环保意识的增强，使企业的环境表现可能成为企业价值的重要评价指标，从而影响投资者对"两高"企业的预期。

总体而言，绿色信贷政策可能会持续引发社会公众投资者对"两高"企业的消极未来预期，弱化投资者信心并影响其投资行为，这最终会表现在企业股价上，从而影响企业权益资本成本。因此，本节根据式（6-5）至式（6-7）分别进行回归，探究投资者信心在绿色信贷政策与"两高"企业权益资本成本关系中的中介传导作用，回归结果如表6-6列（1）至列（3）所示。

由表6-6列（1）和列（2）可知，式（6-5）和式（6-6）中双重差分变量 Post×Treat 的系数分别为0.0050和-0.1890，分别在5%和1%的水平下显著，这表明绿色信贷政策会提高"两高"企业的权益资本成本，降低其投资者信心。在上述回归结果基础上，对式（6-7）进行回归以检验投资者信心的中介作用，回归结果如表6-6列（3）所示。投资者信心的回归系数在1%的水平下显著为负，这说明在考虑其他变量后，企业投资者信心越小，其权益资本成本越大。双重差分变量 Post×Treat 的系数为0.0040，在10%的水平下显著，且与式（6-5）的回归结果相比，该变量系数的绝对值有所降低，即在式（6-5）的基础上加入投资者信心后，绿色信贷政策对"两高"企业权益资本成本的影响有所下降但仍显著。根据温忠麟和叶宝娟（2014）提出的中介效应检验模型，投资者信心在绿色信贷政策对"两高"企业权益资本成本的影响中起着部分中介传导作用，即投资者信心的降低分担了一部分绿色信贷政策对"两高"企业权益资本成本的消极影响，绿色信贷政策可以通过降低"两高"企业投资者信心来提高其权益资本成本。

表6-6　　　　　　　　进一步研究的中介效应分析结果

	（1）	（2）	（3）
	PEG	Ic	PEG
Post×Treat	0.0005 **	-0.1890 ***	0.0040 *
	（2.0300）	（-3.1000）	（1.8200）

	（1）	（2）	（3）
	PEG	Ic	PEG
Ic			−0. 0030 ***
			（−3. 6000）
Lev	0. 0030	0. 9200 ***	0. 0060
	（0. 4400）	（4. 7000）	（0. 7600）
Growth	−0. 0020 *	0. 4210 ***	−0. 0010
	（−1. 7700）	（12. 4600）	（−0. 9100）
Roa	0. 0700 ***	3. 2720 ***	0. 0790 ***
	（3. 0800）	（5. 6200）	（3. 4500）
Beta	0. 0040	0. 3750 ***	0. 0050
	（1. 2000）	（4. 3900）	（1. 4900）
Size	0. 0070 ***	−0. 1240 **	0. 0070 ***
	（3. 2600）	（−2. 2700）	（3. 1100）
BM	0. 0380 ***	−1. 7740 ***	0. 0330 ***
	（6. 6600）	（−12. 3000）	（5. 6900）
Shrcr	−0. 0210 *	0. 9260 ***	−0. 0190
	（−1. 6900）	（2. 8900）	（−1. 4900）
Constant	−0. 1150 **	7. 4630 ***	−0. 0950 *
	（−2. 0700）	（5. 2600）	（−1. 7100）
N	4249	4249	4249
R^2	0. 6230	0. 8170	0. 6250
ID FE	√	√	√
Year FE	√	√	√

（二）产权异质性

由于与政府存在密切关系，与非国有企业相比，国有企业在政策保护和融资便利方面颇具优势，其资金和经营状况等有政府作一定程度的担保，经营风险较小。为规避风险，银行为国有企业提供贷款的意愿往往更强。在该背景下，投资者对国有企业进行投资通常面临较小的风险以及较稳定的回报，对其具有积极的未来预期和较高的投资意愿。此外，国有企业更能及时掌握政府的政策信息，并积极调整其经营活动以满足政策要求，从而减少自身损失。相对而言，非国有企业可获得的政策支持少，且存在"融资难、融资贵"等困难，因而投资者对其做出投资决策时更为谨慎，需要全方位掌握其发展信息来判断是否为其提供资金。在绿色信贷背景下，非国有"两高"企业发展完全依靠自身，严格的环境规制和信贷抑制使其面临较高的经营风险和环境违规风险，从而增加利益相关者的风险承担，该情况下资本市场投资者往往会通过要求更高的报酬来弥补其承担的高风险。因此，与国有"两高"企业相比，非国有"两高"企业的权益资本成本可能受绿色信贷政策的影响更大。本节以产权性质为依据将样本数据划分为国有企业组和非国有企业组，根据式（6-5）分别进行回归，探究不同产权性质下绿色信贷政策与"两高"企业权益资本成本的关系，回归结果如表6-7列（1）和列（2）所示。

由表6-7列（1）可知，国有企业组中双重差分变量 Post×Treat 的估计系数为0.0030，未通过显著性检验，这表明国有性质可以缓解绿色信贷政策对"两高"企业权益资本成本的正向影响；由表6-7列（2）可知，非国有企业组中双重差分变量 Post×Treat 的估计系数为0.0100，在5%的水平下显著，t 统计量为2.4900，系数值和显著性都较大。由上述结果可知，绿色信贷政策对非国有"两高"企业权益资本成本的正向影响更大且显著，而对国有"两高"企业的影响不显著。

表6-7　　　　　　　　进一步研究的异质性分析结果

	（1）	（2）	（3）	（4）
	国有企业	非国有企业	发达地区	欠发达地区
Post×Treat	0.0030	0.0100**	0.0100***	-0.0030
	（0.9100）	（2.4900）	（2.8300）	（-0.6600）
Lev	-0.0060	0.0240**	0.0110	-0.0020
	（-0.6000）	（2.0500）	（1.0200）	（-0.1800）
Growth	-0.0020	-0.0030	-0.0040*	-0.0020
	（-1.3400）	（-1.1100）	（-1.9500）	（-1.2500）

续表

	（1）	（2）	（3）	（4）
	国有企业	非国有企业	发达地区	欠发达地区
Roa	0.1020 ***	0.0560	0.0410	0.0830 **
	（3.2400）	（1.6200）	（1.3500）	（2.3100）
Beta	0.0030	0.0050	0.0050	−0.0010
	（0.7200）	（1.0100）	（1.0500）	（−0.2700）
Size	0.0090 ***	0.0060 *	0.0100 ***	0.0050
	（2.8500）	（1.6800）	（2.9500）	（1.6000）
BM	0.0500 ***	0.0300 ***	0.0370 ***	0.0340 ***
	（6.4500）	（3.3500）	（4.4700）	（4.0300）
Shrcr	−0.0160	−0.0340	−0.0130	−0.0240
	（−0.9600）	（−1.6100）	（−0.7200）	（−1.2100）
Constant	−0.0650	−0.0850	−0.1760 **	−0.0360
	（−0.8700）	（−1.0600）	（−2.3100）	（−0.4600）
N	2292	1957	2476	1773
R^2	0.6280	0.6350	0.6420	0.6630
ID FE	√	√	√	√
Year FE	√	√	√	√

（三）地区经济发展水平异质性

作为全国性的产业政策，绿色信贷政策的实施效果却可能因地区而异。一方面，我国金融业地区发展不平衡，发达和欠发达省份的金融业发展存在较大差异。目前，总体缺乏良好市场环境、绿色金融产品和服务不完善等问题制约着绿色金融的发展（刘钰俊，2017）。经济发达地区的金融业往往较为成熟，在金融机构专业性、配套体系完善性、金融产品丰富性、投资者理性程度等方面具有优势，可以在一定程度上缓解绿色金融发展面临的问题，支持绿色信贷发展，强化绿色信贷政策实施效果。另一方面，经济发展水平会加强地方政府的环境规制（唐国平等，2018）。经济发达地区更注重绿色经济转型，通过制定有效的环境规制措施和政策来实现绿色高质量发展。环境政策能有效提高绿色金融配置效率（夏天添和李明玉，2019），从而推动绿色信贷政策的有效实施。同时，在高环境规制下，社会各界的环保意识强，对绿色发展高度重视。而经济欠发达地区政府往往面临较大的 GDP 增长压力，很可能选择牺牲长期环境利益以实现短期经济发展，并在一定程度上保护污染企业的发展，难以保证绿色信贷政策的有效落实。因此，本节以该年该省份 GDP 是否为全国前十为依据将样本数据划分为发达地区组和欠发达地区组，根据式（6-5）分别进行回归，探究不同地区经济发展水平下绿色信贷政策与"两高"企业权益资本成本的关系，回归结果如表6-7列（3）和列（4）所示。

由表6-7列（3）可知，发达地区组中双重差分变量 Post×Treat 的估计系数为 0.0100，在 1% 的水平下正向显著，这表明对于发达地区企业而言，绿色信贷政策会显著提高"两高"企业的权益资本成本，且效果显著；由表6-7列（4）可知，欠发达地区组中双重差分变量 Post×Treat 的估计系数为 -0.0030 且不显著。由上述结果可知，绿色信贷政策对发达地区"两高"企业的权益资本成本有显著的正向影响，而对于欠发达地区"两高"企业的影响不显著。

第五节 结论与研究启示

本章以 2007—2016 年 A 股上市公司为研究对象，以"两高"企业为处理组，其他企业为对照组，采用 PSM-DID 方法实证检验了绿色信贷政策对"两高"企业权益资本成本的作用机制。研究发现，绿色信贷政策会显著提高"两高"企业的权益资本成本，并且在绿色信贷与"两高"企业权益资本成本的关系中，投资者信心发挥着部分中介传导作用。此外，由于政策保护、融资便利性等差异，绿色信贷政策对"两高"企业权益资本成本的影响存在显著的产权异质性，具体而言，绿色信贷政策显著提高了非国有"两高"企业权益资本成本，而对国有"两高"企业的影响不显著。同时，由于金融业发展水平、政府环境规制程度等差异，在不同经济发展水平的地区，绿色信贷政策对"两高"企业权益资本成本也会产生异质性影响。具体而言，绿色信贷政策显著提高了发达地区"两高"企业权益资本成本，而对欠发达地区"两高"企业的影响不显著。

基于研究结论，本章分别从政府和企业两个角度提出以下建议：

在政府层面，首先，政府应制定具有指导性、可操作性、统一的绿色信贷政策实施指引和细则，为相关部门和金融机构有效落实和实施绿色信贷政策提供指导，引导金融机构、企业、公众投资者重视企业社会责任的履行；其次，政府应建立负责环境监督、环境评价等监管机构，并对企业社会责任的履行情况建立合理完善的评价体系，加强对企业的环境违规惩罚力度，从而建立严格完善的环境监管体系，确保绿色信贷政策得以有效实施；此外，政府应继续深化经济体制改革，减小或消除不同产权性质的企业在信息获取、融资限制等方面的差异，从而避免国有"两高"企业依靠其国有性质盲目和惰性发展，促使其积极进行技术创新以加快转型，提高绿色信贷政策的实施效果和效率；最后，由于我国各省份的区域经济发展不平衡，各地区金融市场环境、政府经济发展压力和环境监管严格程度差异显著，政府应该因地制宜地制定和实施绿色信贷政策，重视欠发达地区的经济发展水平，通过合理的政策体系强化绿色信贷政策在该地区的实施效果。

在企业层面，首先，企业应重视环境保护意识的提升，积极进行技术创新、加强环境治理，实现资源的合理配置，增强自身的可持续能力以及提升环境绩效，将政策压力转化为自身的发展机遇；其次，企业应积极完善信息披露机制，在开展环保活动以及履行社会责任的同时向外界传递环保经营信息，从而提高企业形象和市场价值，增强外部投资者对企业的信心；最后，国有企业应该意识到自身的社会责任，积极响应绿色信贷政策的号召，实现绿色生产、环保经营与绿色经济发展趋势相适应，尤其是国有"两高"企业。非国有企业环保意识薄弱，为适应经济发展要求应进一步提高自身的社会责任感和环境责任感。

第七章

环境规制、经济政策
不确定性与环保投资

第一节　引言

　　我国环境规制所采用的行政强制手段，往往难以调和区域环境治理绩效与经济发展之间的矛盾。实际施行中所存在的环境规制执行成本，仍可能造成经济损失，引发主体遵循意愿降低，进一步阻碍环境规制的全面、高效执行。这便要求政府通过多元化环境规制工具设置，以及与环境规制相对应的配套体系建设加以弥补。例如，经济引导手段即可有效消减行政手段的固有弊端。政府可以通过向企业提供环保技术支持、环境补贴等手段，降低企业环境污染治理成本，鼓励企业开展绿色技术创新。通过提高企业环保投资的预期收益，形成经济动力，从而改善我国环境规制的执行效果。

　　另外，我国正处于并将长期处于经济转型升级期，在此期间一系列经济政策的频繁推出与调整，将不可避免地引起经济政策不确定性上升，影响经济引导类环境规制工具的实施成效。Baker 等（2016）研究显示，近年来我国经济政策不确定性持续上升，同时文献研究表明经济政策不确定性上升会抑制企业实体投资与金融投资（彭俞超等，2018；王染等，2020）。从直观上看，环保投资作为企业实体投资的一部分，整体实体投资的降低很可能引起环保投资减少。然而，经济政策不确定性的提高也意味着企业面临的宏观风险上升，为避免风险叠加，企业可能从保证合规角度增加环保投资。鉴于上述两种相反的可能性，本章节利用我国重污染行业上市公司的环保数据，实证检验经济政策不确定性对企业环保投资的影响，厘清两者间关系，对政府后续经济政策的实施与环境治理具有一定启示意义。

有关经济政策不确定性对微观企业行为影响的研究主要集中在企业投资、企业风险和企业融资三个视角。国内外研究普遍认为，经济政策不确定性提高会抑制企业投资，具体体现在研发投资、固定资产投资等实体投资与金融资产配置等金融投资方面（Julio and Yook，2012；郝威亚，2016）。关于经济政策不确定性对企业风险影响的研究认为，经济政策的调整与波动会显著改变企业面临的外部环境风险，且这种风险属于不可避免的系统风险（王红建等，2014；李凤羽和杨墨竹，2015）。此外，部分研究从经济政策不确定性对企业融资视角展开探讨，发现经济政策不确定性会降低企业资金供给，主要体现在债务融资、权益融资与商业信用三个方面，从而导致企业融资约束增强（王化成等，2016；陈国进等，2017；饶品贵等，2017）。然而，鲜有文献探究经济政策不确定性与企业环保投资行为之间的关系。

国内现有关于企业环保投资影响因素的研究，主要集中于环境监管、环境政策、企业微观层面等方面（唐国平等，2013；胡立新和韩琳琳，2016）。企业环保投资主要是外部政策和环境监管共同作用的结果，现有文献研究了单一环境政策或整体环境规制强度对企业环保投资的影响，但在整体宏观经济政策方面的探讨尚不足。基于上述分析，本章以沪深两市 A 股重污染行业上市公司为样本，利用 Baker 等构建的中国经济政策不确定性指数，探究经济政策不确定性对企业环保投资的影响，尝试阐明经济政策不确定性影响环保投资的理论机制，并从实证角度进行经验研究。

第二节 理论分析与研究假设

经济政策不确定性能够通过融资约束与预防性现金储蓄两个方面影响企业的投资可配置资金。一方面，经济政策不确定性降低了企业资金供给，提高了企业融资成本。从债务融资角度分析，经济政策不确定性会提高金融体系的系统风险，银行为降低借贷风险，会选择缩减贷款规模或提高借贷成本。从权益融资角度分析，经济政策不确定性上升会提高股票价格波动性，投资者受到经济政策噪声信号的影响，难以准确预测企业前景，从而选择减少投资。此外，当经济政策不确定性上升时，企业获得的商业信用规模也有缩小趋势。另一方面，经济政策不确定性增强了企业预防性储蓄动机。经济政策不确定性上升致使未来市场需求存在不确定性，企业难以准确预测未来现金流。为应对潜在流动性短缺，企业倾向于持有更多现金。与经营性固定资产、研发创新与金融资产等方面的投资相比，环保投资对优化企业绩效的作用更为间接且存在一定滞后性。加之，我国企业普遍缺乏污染治理的积极性，环保投资更多出于应对环保政策与政府监管的需要而非自愿进行。因此，当企业投资可配置资金减少时，管理层倾向于减少污染治理支出，将有限的资金投向经营性固定资产、研发创新与金融资产等。

当经济政策不确定性提高时，企业所面临的外部环境风险上升，且该风险为企业自身无法避免的系统风险。因此，企业只能通过降低其他风险与提高风险应对能力来弱化经济政策不确定性上升对企业造成的不利影响，保证自身长期稳定发展。而加大环保投入一方面能够降低企业潜在的环境违规风险，另一方面又能够形成声誉保险效应。从环境违规风险视角分析，重污染企业因高污染高排放的行业特性，在环境治理中首先被列为重点整改对象，环境违规概率与违规成本均较高。基于这一现状，经济政策不确定性上升引致的企业外部风险提高会与环境违规风险形成风险叠加，对企业生存与发展造成严重威胁。企业购入环保设备与革新环保技术以提升绿色生产水平，能够减少污染的产生与排放，满足政府制定的环保标准。因此，企业增加环保投资能够降低环境违约风险，有效避免风险叠加带来的双重威胁。从声誉保险效应视角分析，环保投资披露有助于企业在投资者心目中形成良好形象，当企业受到负面事件威胁时发挥类似保险的作用。因此，当经济政策不确定性上升时，环保投资披露形成的声誉保险效应，可以降低不确定事件对投资者的冲击反应，提高企业的风险应对能力。

基于上述分析，提出竞争性假设 H7-1，包括：

H7-1a：经济政策不确定性升高时，企业环保投资下降。

H7-1b：经济政策不确定性升高时，企业环保投资上升。

第三节　研究设计

一　样本选择与数据来源

本章节选取 2009—2018 年沪深两市 A 股重污染行业上市公司作为研究样本，并剔除 ST、PT 以及金融行业的样本。其中，重污染行业上市公司的认定以国务院发布的《国务院办公厅关于印发第一次全国污染源普查方案的通知》文件内容为标准，11 个重污染行业分别为造纸及纸制品业、农副食品加工业、化学原料及化学制品制造业、纺织业、黑色金属冶炼及压延加工业、食品制造业、电力/热力的生产和供应业、皮革毛皮羽毛（绒）及其制品业、石油加工/炼焦及核燃料加工业、非金属矿物制品业、有色金属冶炼及压延加工业。在剔除变量缺失的数据后，最终获得 2893 个观测值。环境资本支出的数据系本书手工收集整理而得，经济政策不确定性采用 Baker 等根据《南华早报》关键词搜索测算得到的指数衡量，其他财务数据来源于国泰安上市企业数据库（CSMAR）。此外，为避免极端值影响，对所有连续变量在上下 1%水平下进行缩尾处理。

二　变量定义

（一）经济政策不确定性

EPU 表示经济政策不确定性，借鉴 Baker 等在《南华早报》中通过搜索"中国""经济""不确定性"与"政策"四个关键词计算编制的月度指数。因公司环保投资数据为年度数据，本章将12个月的月度指数换算成年度数据：

$$EPU_t = （MEPU_{t,1}+MEPU_{t,2}+\cdots+MEPU_{t,12}）/12$$

其中，MEPU代表月度指标，t代表年度，数字代表月份。

（二）环保投资

企业环保投资数据参考唐国平等（2013）的做法，从财务报表附注、社会责任报告、可持续发展报告和环境报告书中手工收集获得，包括环保设施及系统的投入与改造支出、污染治理支出、清洁生产支出、排污费和其他相关支出。

本章各变量的定义和说明详见表7-1，其中环保投资为被解释变量，经济政策不确定性为解释变量，所有权性质、机构持股比例为调节变量，其余变量为控制变量。

表7-1　　　　　　　　　　变量及其定义一览

变量性质	变量名称	变量符号	变量定义
被解释变量	环保投资	EPI	（环境投资+1）的对数
解释变量	经济政策不确定性	EPU	经济政策不确定性指数的年度算术平均值除以100
调节变量	所有权性质	SOE	国有企业取1，否则取0
	机构持股比例	INTOWN	基金、合格境外投资者（QFII）、券商、保险公司、社保基金、信托、财务公司、银行、非金融类上市公司合计持股比例
控制变量	现金流	CF	经营活动产生的现金流/总资产
	托宾Q	TQ	（每股价格×全部股份+负债账面价值）/总资产
	宏观经济因素	GDPG	年度GDP同比增长率
	股权集中度	CONTR	公司第一大股东持股比例
	绿色创新投入	INNOV	当年在环保方面的研发支出
	高管兼任情况	SAME	董事长与总经理为同一人取1，否则取0
	资本性支出	CAPX	（构建固定资产、无形资产和其他长期资产所支付的现金-处置固定资产、无形资产和其他长期资产而收回的现金）/总资产

变量性质	变量名称	变量符号	变量定义
控制变量	企业规模	SIZE	总资产的自然对数值
	总资产收益率	ROA	净利润/总资产
	杠杆率	LEV	总负债/总资产
	销售收入	SALES	营业总收入的自然对数值

三 公式设计

为检验经济政策不确定性对企业环保投资的作用，建立以下公式：

$$EPI = \beta_0 + \beta_1 EPU + \beta_2 Controls + \sum Year + \sum Ind + \varepsilon \qquad (7\text{-}1)$$

第四节 实证结果与分析

一 描述性统计分析

表 7-2 为涉及变量的描述性统计。变量 EPI 由样本上市公司的环境资本支出的对数度量，最小值为 0.00，最大值为 20.41，标准差为 8.17，表明各样本上市公司之间的环境资本支出差异较大；变量 EPU 度量了我国不同年份的经济政策不确定性，该变量由各月份经济政策不确定性指数计算算术平均值除以 100 所得，平均值达到 2.39，而 2008 年国际金融危机前我国的经济政策不确定性指数几乎均小于 100，说明 2008 年国际金融危机后我国的经济政策不确定性大幅上升；变量 SIZE、ROA、LEV、SALES、CF、TQ 由样本上市公司的财务指标计算得到；SOE 为虚拟变量，均值为 0.66，说明样本中国有性质的上市公司偏多；GDPG 为年度 GDP 的增长率，均值为 7.84，标准差为 1.31，说明 2009—2018 年我国 GDP 增长较为稳定；CONTR 的均值为 36.91，说明样本上市公司的第一大股东持股比例较高，控制权相对集中；INNOV 的均值为 9.25，标准差为 157.84，说明不同样本上市公司间绿色创新投入差异较大；INTOWN 度量了机构持股比

例，最小值为 0.00，最大值达 36.30。

表 7-2　　　　　　　　　　　　主要变量描述性统计

变量名称	样本数	均值	标准差	最小值	25%	中位数	75%	最大值
EPI	2893	7.96	8.17	0.00	0.00	0.00	16.21	20.41
EPU	2893	2.39	1.27	0.99	1.24	1.81	3.64	4.60
SIZE	2893	22.60	1.39	19.94	21.57	22.46	23.56	26.23
ROA	2893	0.03	0.06	-0.26	0.01	0.03	0.06	0.21
LEV	2893	0.52	0.21	0.07	0.37	0.52	0.67	1.04
SALES	2893	22.06	1.48	18.30	21.02	21.89	23.06	25.62
CF	2893	0.06	0.07	-0.15	0.02	0.06	0.10	0.26
TQ	2893	1.79	1.05	0.86	1.13	1.45	2.04	7.03
SOE	2893	0.66	0.47	0.00	0.00	0.00	1.00	1.00
GDPG	2893	7.84	1.31	6.60	6.90	7.30	9.40	10.64
CONTR	2893	36.91	15.62	7.45	25.78	35.39	47.92	80.34
INNOV	2893	9.25	157.84	0.00	0.00	0.00	0.00	5506.05
INTOWN	2893	6.05	6.94	0.00	0.83	3.18	7.84	36.30
SAME	2893	0.18	0.39	0.00	0.00	0.00	0.00	1.00
CAPX	2893	0.05	0.05	-0.04	0.02	0.04	0.08	0.23

二　基本回归分析

采用双固定效应面板估计方法进行主回归的检验，并使用 Cluster 进行面板数据的标准误聚类调整。其中，被解释变量是企业环保投资（EPI），解释变量是经济政策不确定性（EPU）。表 7-3 列示了经济政策不确定性与环保投资的回归结果，列（1）为未加入控制变量的回归结果，列（2）为加入控制变量的回归结果。列（1）回归结果中经济政策不确定性（EPU）在方程中的系数为-0.1050 但不显著；列（2）回归结果中，经济政策不确定性（EPU）在方程中的系数为-0.4350 且在 5%的水平下显著，说明经济政策不确定性对企业环保投资有显著的负向影响，验证本章假设 H7-1a。

表 7-3 经济政策不确定性与环保投资

	（1）	（2）
EPU	−0.1050	−0.4350**
	（−0.6660）	（−2.0450）
Constant	8.2910***	−13.7700
	（16.0000）	（−1.3300）
Controls		√
时间效应	√	√
个体效应	√	√
N	2893	2893
Adj. R²	0.0003	0.0810

三 稳健性检验

（一）因变量滞后一期

由于经济政策属于国家层面的宏观政策，企业个体的微观行为通常难以影响整体宏观政策，故而企业环保投资和经济政策不确定性之间几乎不存在反向因果关系，但宏观政策可能存在滞后性。本节参考 Fang 等（2015）的做法，将被解释变量的滞后项加入回归方程，发现解释变量的显著性不变。

本节采用双固定效应面板估计方法对样本进行回归，并使用 Cluster 进行面板数据的标准误聚类调整。表 7-4 列示了环保投资滞后一期时经济政策不确定性与企业环保投资的回归结果，列（1）为未加入控制变量时的回归结果，列（2）为加入控制变量时的回归结果。列（2）结果显示，经济政策不确定性（EPU）的回归系数为−0.7840 且在 5% 的水平下显著，通过稳健性检验。

表 7-4 环保投资滞后一期

	（1）	（2）
EPU	−0.1880	−0.7840**
	（−0.6660）	（−2.0450）
Constant	8.4950***	−12.9200
	（10.4600）	（−1.2720）

续表

	（1）	（2）
Controls		√
时间效应	√	√
个体效应	√	√
N	2893	2893
Adj. R^2	0.0003	0.0810

（二）用其他方式度量经济政策不确定性

本节参考李凤羽和杨墨竹（2015）以及顾夏铭等（2018）的做法，分别用年末值、年度几何平均值、年度中位值衡量年度经济政策不确定性，并继续利用式（7-1）对样本进行回归，结果如表 7-5 所示。列（1）、列（3）和列（5）为未加入控制变量时的回归结果，列（2）、列（4）和列（6）为加入控制变量时的回归结果。结果显示，用年末值、年度几何平均值、年度中位值衡量年度经济政策不确定性时，经济政策不确定性（EPU）的回归系数分别为 - 0.0017、 - 0.0051、 - 0.0040 且均在 5% 显著性水平下显著，本章结论依然成立。

表 7-5　　　　　　　其他方式衡量经济政策不确定性

变量	年末值		几何平均值		中位值	
	（1）	（2）	（3）	（4）	（5）	（6）
EPU	- 0.0004	- 0.0017 **	- 0.0012	- 0.0051 **	- 0.0010	- 0.0040 **
	（- 0.6660）	（- 2.0450）	（- 0.6660）	（- 2.0450）	（- 0.6660）	（- 2.0450）
Constant	8.1880 ***	- 14.1900	8.3030 ***	- 13.7200	8.2690 ***	- 13.8600
	（21.7800）	（- 1.3580）	（15.5300）	（- 1.3260）	（16.9500）	（- 1.3360）
Controls		√		√		√
时间效应	√	√	√	√	√	√
个体效应	√	√	√	√	√	√
N	2893	2893	2893	2893	2893	2893
Adj. R^2	0.0003	0.0810	0.0003	0.0810	0.0003	0.0810

四　进一步研究分析

当经济政策不确定性上升时企业融资额减少，对外投资也会相应减少，但由于存在信息不对称和代理成本，并非所有管理层都会基于股东利益采取行动。在外部缺乏有效监督的情况下，管理层基于自身利益，可能采取损害股东利益的行为，例如经济政策不确定性上升时反而增加对外投资。相较于个体投资者，机构投资者对企业管理层实施的监督更为有效，这更有助于管理层站在股东利益角度进行投资决策，抑制管理层的自利行为，即经济政策不确定性上升时机构投资者更能监督管理层缩减投资。

本节采用双固定效应面板估计方法进行回归，并使用 Cluster 进行面板数据的标准误聚类调整。表7-6列（1）结果显示，经济政策不确定性（EPU）与机构持股比例（INTOWN）的交乘项系数为 -0.0015 但不显著，经济政策不确定性对环保投资的抑制作用随着机构投资者持股比例上升而逐渐增强的猜想无法得到验证。其可能原因在于，根据表7-2变量描述性统计结果，样本上市公司的平均第一大股东持股比例高达 36.91%，而平均机构持股比例仅为 6.05%。机构投资者受制于持股比例，似乎并未对样本上市公司开展有效监督。由于机构投资者无法对管理层实施有效监督，机构持股比例也就无法增强经济政策不确定性对企业环保投资的抑制作用。

表7-6　　　　　经济政策不确定性与环保投资受
机构持股、公司成长性的影响

	机构持股	成长性	
	（1）	（2）	（3）
EPU	-0.4280*	-0.3490	-0.4660*
	（-1.8370）	（-0.9840）	（-1.8290）
EPU×INTOWN	-0.0015		
	（-0.0796）		
Constant	-13.8900	-26.5600	-16.7100
	（-1.3420）	（-1.3250）	（-1.2750）

续表

	机构持股	成长性	
	（1）	（2）	（3）
Controls	√	√	√
时间效应	√	√	√
个体效应	√	√	√
N	2893	1446	1446
Adj. R^2	0.0810	0.0460	0.0600

依据企业利润最大化原则，管理者总是将有限的投资额投向盈利性较高的项目中。不同上市公司在不同时期、不同外部环境中，所采取的经营策略、投资策略各不相同。企业在创立初期时通常成长性较好，相较于其他时期的上市企业，可选择的投资项目更多、投资项目的前景可能也更好。当经济政策不确定性上升时，各公司面临着投融资额减少的困境，此时成长性较好的上市公司会将有限的资金投入前景好、盈利性高的投资项目中，环境资本支出相对就会减少，而那些成长性相对较差、缺乏较好投资机会的上市公司在环保方面的资本支出就会相对较多。

本节根据企业托宾 Q 值将样本上市公司按前后 50% 分为两组，分别进行分组回归，以研究经济政策不确定性对环保投资的抑制作用是否随企业的投资机会、成长性的上升而增强。表 7-6 列（2）为托宾 Q（TQ）值较小样本的回归结果，表 7-6 列（3）为托宾 Q（TQ）值较大样本的回归结果，可以发现托宾 Q（TQ）值较小组的样本中经济政策不确定性（EPU）的系数为 -0.3490 但不显著，托宾 Q（TQ）值较大组的样本中经济政策不确定性（EPU）的系数为 -0.4660 且在 10% 的水平下显著。托宾 Q（TQ）值较大组的经济政策不确定性（EPU）系数的显著性大于托宾 Q（TQ）值较小组，说明企业的投资机会越好、成长性越高，经济政策不确定性对环保投资的抑制作用越强。

第五节　结论与研究启示

本章节采用 Baker 等（2016）提供的经济政策不确定性指数，以2009—2018 年我国沪深两市 A 股重污染行业上市公司为研究样本，实证检验了中国经济政策不确定性对企业环保投资的影响。研究结论如下：其一，经济政策不确定性升高会抑制企业环保投资；其二，经济政策不确定性对环保投资的抑制作用在投资机会好、成长性较高的重污染企业中表现得更加明显；其三，机构持股比例在经济政策不确定性对企业环保投资的抑制作用中并无明显调节作用。

基于上述研究结果，本章提出以下政策启示与建议：对政府制定政策而言，在利用宏观政策稳定经济的同时还要考虑政策不确定性对企业环保投资造成的负面影响，这便需要政府找到一个最佳平衡点，既能稳定经济又能使企业环保投资处于较高水平；对于企业而言，应尽力拓宽融资渠道，方能在经济政策不确定性升高时仍保持一定的融资额与投资额，从而维持环保投资水平。

此外，本章进一步研究发现经济政策不确定性对环保投资的抑制作用在投资机会好、成长性较高的重污染企业中表现得更加明显，这是一个值得政府关注的现象。政府在调整原有经济政策或者颁布新经济政策时，可考虑给予此类上市公司一定政策优惠，使其在维持一定盈利水平的同时亦能够兼顾环保职责。

第八章

环境规制强度与企业
碳信息披露

第一节　引言

党的十九大报告指出，"中国引导应对气候变化国际合作，要求加快推进绿色发展，建立健全绿色低碳循环发展的经济体系，构建清洁低碳的能源体系"。根据国家生态环境部发布的《2018 中国生态环境状况公报》，在全国 338 个地级及以上城市（以下简称 338 个城市）中，121 个城市环境空气质量达标，占全部城市数的 35.8%，同比上升 6.5 个百分点；217 个城市环境空气质量超标，占 64.2%。从优良天数看，7 个城市优良天数比例为 100%，186 个城市优良天数比例在 80%—100%，120 个城市优良天数比例在 50%—80%，25 个城市优良天数比例低于 50%。上述数据证实了我国在大气环境治理及应对气候变化方面尚有进步空间。

随着社会公众对环境关注度的日益提升，政府对于企业碳排放的规制也日趋严格。2000 年，国际碳信息披露项目组织（Carbon Disclosure Project，CDP）首次提出企业碳信息披露这一概念（陈华等，2013）。在其概念框架内，企业披露的碳会计信息是指关于企业履行低碳责任、节能降耗及污染减排等方面的信息，即企业为降低环境负外部性所开展的工作。我国自 2005 年以来，大幅跟进国际气候变化的研究步伐，并采取一系列规范碳排放交易的举措：2006 年 8 月，国务院批准设立中国清洁发展机制（Clean Development Mechanism，CDM）基金；2010 年，我国碳排放权交易试点市场开始建设；2013 年年底，国内 7 个试点市场先后启动并运行至今；2017 年，我国统一碳排放权交易市场开始建设，由湖北、上海碳交易所进行系统构建，并首批纳入电力行业企业。事实上，在气候变化的大环境下，企业作为社会发展的重要推动力，承担着节能减排的重任。同时，越来越多的机构投资者、股东和其他投资者开始关注企业应对气候变化的行为。因此，碳信息披露已成为企业凸显社会责任、履行节能减排义务的重要信息，能够有效地向资本市场传递积极信号。

碳信息作为企业环境信息的重要组成部分，其披露质量的高低与企业环境治理的水平密切相关。企业环境治理投入越大，相关治理内容越丰富，治理成效越好，企业的碳信息披露质量自然越高。已有碳信息披露的研究文献，多从企业自身角度出发研究企业碳信息披露质量与企业财务业绩或财务指标的关系，而关于外部环境对于碳信息披露影响的文献，则多从构建概念框架出发，从理论上探讨企业外部环境与碳信息披露之间的关系，较少采用实证数据进行研究论证。肖序和郑玲（2011）通过对碳会计体系之理论起源与实务发展、基本概念与系统边界、学科分类与逻辑关联、研究内容以及披露模式的探讨，为我国企业构建碳会计体系提供了所需注意的原则及相关建议。陈华等（2013）提出，我国企业自愿性碳信息披露尚处于起步阶段，如何规范并改善企业碳信息披露，不仅对促进低碳经济发展具有重要意义，而且能够更好地提高信息的决策相关性，推动资源的优化配置。

基于上述政策环境与研究基础，本章节利用实证数据检验环境规制强度与碳信息披露之间的关系，并以董事会独立性这一公司治理中的重要变量进行调节，以期为我国政府出台相关环境保护政策、证券监管部门制定碳信息披露制度等提供数据基础及理论依据。

第二节　理论分析与研究假设

基于现有研究文献，环境规制强度对碳信息披露质量的影响可以从"信号传递理论"和"波特假说"两个方面进行分析。根据信号传递理论，碳信息披露属于资本市场的信号传递，目前研究已证实企业通过提高碳信息披露质量，能够降低环境信息的不确定性，减少代理成本，从而有助于提高财务绩效，获得利益相关者的支持与信赖。例如，何玉等（2017）从企业 CDP 报告中获取碳排放数据，发现碳绩效与财务绩效间显著正相关。另外，企业披露的碳排放信息与实际碳排放信息之间存在不对称，政府作为企业的外部相关者，需要采用环境规制政策工具解决这一信息不对称问题。现阶段，我国企业披露的碳信息质量普遍较低，崔也光和周畅（2017）对京津冀区域碳排放权交易与碳会计的现状展开针对性研究，发现多数控排企业会计处理偏向简化。

依据波特假说，设计适当的环境规制将促发企业技术创新活动，并通过提升企业生产能力与盈利水平的方式，弥补环境规制所引发的环境遵循成本。依循此逻辑，在环境规制强度较轻但逐步增强的时期，企业出于合规性、利益性考虑，会加强碳信息披露，从而向资本市场传递积极信号；但当环境治理成本超过由环境规制所带来的收益时，企业盈利能力受到削弱，此时企业出于自身利益考虑会降低碳信息披露质量，从而向利益相关者传递企业并未由于环境规制而导致利润减少的信号。而政府通常会采取环境规制手段，优化社会资源配置、扭转市场失灵趋势。依循公共利益理论，政府将通过推动企业披露碳信息等方式，弥补信息不对称现象，从而满足社会公众利益。低环境规制强度下，企业碳信息披露成本较低、收益较高，从而促使企业碳信息披露质量提升。而高环境规制强度下的情形则相反，从而使企业有动力降低碳信息披露质量来提高自身收益，甚至不惜接受政策处罚。因此，政府的规制强度会影响企业碳信息披露的内容和质量，导致企业实际的碳排放信息、投资者所了解的碳排放信息、向公众披露的碳排放信息存在一定差异，从而造成企业和投资者、公众之间信息不对称。基于此，提出以下假设：

H8-1：随着环境规制强度的增大，企业碳信息披露水平不断上升，但过强的环境规制又会导致企业不愿意披露过多的碳信息，即两者存在倒"U"形关系。

与此同时，当环境政策不变、环境污染治理技术水平一定时，环保监督管理的成效取决于环境规制执行效果。在针对我国现有七大碳排放权交易市场所开展的减排成效评估中，研究表明在管理对象具有减排潜力的情况下，如果配额总量供给低于碳排放需求，碳交易机制能有效地发挥促进减排的作用（王文军等，2018）。独立董事制度是监督经理业绩和防止机会主义行为的强有力机制（Fama，1983），独立董事在分析公司的管理和行为时表现出更高的客观性和独立性（Ibrahim，1995）。李维安和徐建（2014）采用独立董事比例（上市公司独立董事人数与董事会总人数的比值）来表示董事会独立性。谭劲松（2013）认为，董事会保持独立性最简便的方法在于让独立董事在董事会中拥有多数席位。许文强和唐建新（2016）从独立董事在董事会中所占比例、独立董事工作地与上市公司注册地是否一致以及董事长与总经理是否两职合一这三方面来考察董事会独立性。乐菲菲和张金涛（2018）研究发现，身为政府管理者的独立董事的辞职将显著负向影响企业创新效率，且该影响在民营制造企业中表现得更为明显。由此看来，非政府管理者的独立董事能够加强环境规制强度与企业碳信息披露之间的倒"U"形关系。董事会独立性越高，环境规制强度与碳信息披露之间的倒"U"形曲线开口越窄；董事会独立性越低，环境规制强度与碳信息披露之间的倒"U"形曲线开口越宽。基于此，提出以下假设：

H8-2：董事会独立性能够强化环境规制强度对碳信息披露的影响。

第三节 研究设计

一 样本选择与数据来源

本章选择2012—2017年上证社会责任指数成分（100指）的企业作为研究对象。这一方面是考虑到，2012—2017年基本涵盖了我国"十二五"时期和"十三五"时期，对2012—2017年企业节能减排实施情况的研究，能够为"十四五"时期绿色发展目标的实施提供有价值的经验和教训；另一方面，学界目前普遍认为成分股企业的社会责任信息披露较为全面，碳信息披露的缺失值较少。此外，剔除样本中的ST、金融企业，最终得到504个样本。企业碳信息披露信息主要从巨潮资讯网、企业社会责任中国网以及各样本上市公司公布的社会责任报告中手工整理获得，企业其他财务信息、产权性质、高管信息等数据来源于Wind数据库、CSMAR数据库。

二 变量定义

本章的被解释变量为碳信息披露质量，根据手工整理的企业碳排放披露信息，参考碳信息披露项目（CDP）及杜湘红和张红燕（2018）构建的碳披露框架，采用"内容分析法"进行衡量。评分时赋予每个二级指标相同权重，分值范围为0—33分，碳信息披露水平（$CDI_{i,t}$）表示为加权分值之和。具体评分标准见表8-1。

表8-1 碳信息披露评分标准

一级指标	二级指标	指标评分标准
名称	图表使用情况	无＝0，有＝1
碳风险	与环境污染有关的罚款 与环境污染有关的诉讼情况	无＝0，定性披露＝1， 定量披露＝2
碳战略	设置减排计划、目标 减排相关的管理制度与机构 环保培训、宣传与行动	无＝0，定性披露＝1， 定量披露＝2

续表

一级指标	二级指标	指标评分标准
碳治理	"三废"的减排情况 废物处理、回收、利用情况 环保设施的运行、改造 环保资金投入、科研创新	无=0，定性披露=1， 定量披露=2
碳核算	温室效应气体的排放情况 废水排放量 其他固体废气物排放量	无=0，定性披露=1， 定量披露=2
碳绩效与补贴	减排产生的经济效益 环保有关的荣誉 环保有关的奖金或补贴	无=0，定性披露=1， 定量披露=2
审验/鉴证	是否通过ISO4001环境管理系统认证 是否经独立第三方机构检验	无=0，有=1

现有文献衡量环境规制的替代指标主要包括：①环境规制数量，即区域环境政策或清洁标准的总数；②环境规制综合指数，即对二氧化硫减排率、废水排放达标率等指标进行加权平均计算后所得；③污染物排放密度，包括"三废"等污染物；④环境污染治理投资，包括污染治理项目的实际完成投资额等；⑤虚拟变量，按是否有环境规制实施而生成虚拟变量。基于数据可得性和指标完善性，本章采用各地级市二氧化硫排放量衡量环境规制强度（Regit）。

董事会独立性的常见衡量指标包括独立董事在董事会中所占比例、独立董事工作地与上市公司注册地是否一致以及董事长与总经理是否两职合一等。本章选取独立董事工作地与上市公司注册地是否一致（Place）作为衡量董事会独立性的指标。董事会独立性为虚拟变量，根据其独立董事工作地与上市公司注册地是否一致，对各观测样本取值1或0。本章借鉴已有关于碳信息披露、环境规制强度研究的相关文献，变量设计与指标选取情况详见表8-2。

表8-2　　　　　　　　　变量及其定义一览

变量性质	变量名称	变量符号	变量定义
被解释变量	碳信息披露水平	CDI	评分时赋予每个二级指标相同的权重，分值范围为0—33分

变量性质	变量名称	变量符号	变量定义
解释变量	环境规制强度	Reg	各地级市二氧化硫排放量
调节变量	董事会独立性	Place	独立董事工作地与上市公司注册地一致，则取值为1，否则取值为0
控制变量	净资产收益率	ROE	净利润/股东权益平均余额
	权益乘数	EM	总资产资产/所有者权益
	营业收入增长率	IR	（营业收入本年金额-营业收入上年金额）/营业收入上年同期金额
	企业规模	Size	ln（总资产）
	行业	Industry	所属行业是否为目标行业
	企业性质	Nature	国有企业或私有企业

三　公式设计

考虑到样本数据为目标上市公司在各年份的各类指标，且各地级市环境规制强度随年份的推移会逐渐变化，本章公式设定为最小二乘法（OLS）下的非线性回归模型，采用随机效应模型与面板数据回归，具体设定如下：

$$CDI_{i,t} = \beta_0 + \beta_1 Reg_{i,t}^2 + \beta_2 Reg_{i,t} + \beta_3 Controls_i + \varepsilon \qquad (8-1)$$

其中，CDI为被解释变量，用以衡量企业的碳信息披露水平；Reg为解释变量，代表企业所受环境规制强度；Controls为控制变量。

第四节　实证结果与分析

一　描述性统计分析

主要变量的描述性统计结果如表8-3所示。碳信息披露质量（CDI）均值为3.14（总分为33分），标准差为4.13，说明碳信息披露质量波动幅度较大，样本间差距较大且总体披露水平较低，企业披露的碳信息不够全面、充分。环境规制强度（Reg）均值为5.63，最小值和最大值分别为0.25和21.76，标准差为4.92，说明各省份之间的环境规制强度差异较大。控制变量除净资产收益率（ROE）的标准差较小外，其他控制变量的波动幅度均较大。此外，Place 数值表明 59.92% 的样本上市公司独立董事与上市公司工作地点一致。

表 8-3 主要变量描述性统计

变量名称	样本数	均值	标准差	最小值	25%	中位数	75%	最大值
CDI	504	3.14	4.13	0.00	0.00	1.00	6.00	19.00
Reg	488	5.63	4.92	0.25	1.84	4.32	7.27	21.76
EM	504	2.87	1.44	1.14	1.78	2.42	3.58	8.76
ROE	504	0.13	0.07	−0.09	0.09	0.12	0.16	0.43
Size	504	24.17	1.51	20.72	23.09	23.95	25.11	29.07
IR	504	0.29	0.89	−0.65	0.02	0.13	0.26	14.30

二 基本回归分析

环境规制强度（Reg）与碳信息披露质量（CDI）的回归结果如表 8-4 所示。

表 8-4 环境规制强度与碳信息披露的多元回归分析结果

	CDI		
	（1）固定效应模型	（2）随机效应模型	（3）极大似然估计
Reg^2	−0.0254***	−0.0227***	−0.0224***
	（0.0053）	（0.0047）	（0.0047）
Reg	0.6160***	0.5370***	0.5310***
	（0.1130）	（0.0910）	（0.0896）
EM	−0.0083	−0.3400*	−0.3680**
	（0.2770）	（0.1900）	（0.1840）
ROE	−4.5810	−6.6450***	−6.8190***
	（2.9030）	（2.4280）	（2.3640）
Size	1.5870***	1.0570***	1.0520***
	（0.5610）	（0.1840）	（0.1710）
IR	0.0684	0.1010	0.1020
	（0.1540）	（0.1480）	（0.1470）

续表

	CDI		
	（1）固定效应模型	（2）随机效应模型	（3）极大似然估计
Constant	−36.5400***	−23.5300***	−23.3600***
	（13.8400）	（4.7820）	（0.0934）
N	488	488	488
R^2	0.4360		

列（1）为固定效应下的回归模型，结果显示环境规制强度（Reg）的二次项回归系数为−0.0254，在1%的显著性水平下显著；环境规制强度（Reg）的回归系数为0.6160，在1%的显著性水平下显著；常数项的回归系数为−36.5400，在1%的显著性水平下显著，固定效应模型整体通过显著性检验。

列（2）为随机效应模型下的回归模型，结果显示环境规制强度（Reg）的二次项回归系数为−0.0227，在1%的显著性水平下显著；环境规制强度（Reg）的回归系数为0.5370，在1%的显著性水平下显著；常数项回归系数为−23.5300，在1%的显著性水平下显著。整体而言，随机效应模型在1%的显著性水平下显著。上述检验结果说明，环境规制强度（Reg）与碳信息披露质量（CDI）存在二次函数关系（倒"U"形）。

列（3）为极大似然法下的回归模型，结果显示环境规制强度（Reg）的二次项回归系数为−0.0224，在1%的显著性水平下显著；环境规制强度（Reg）的回归系数为0.5310，在1%的显著性水平下显著；常数项回归系数为−23.3600，在1%的显著性水平下显著，极大似然法下的回归模型整体在1%的显著性水平下显著。

政府的环境规制强度会随时间推移而变化，在计量经济学中，应采用随机效应模型最为准确。本节出于稳健性考虑，采用三种模型进行检验，回归结果均表明：随着环境规制强度（Reg）的加强，碳信息披露质量（CDI）存在先上升后下降趋势，两者间为倒"U"形关系。证明了随着环境规制强度的增大，企业碳信息披露水平会出于

"合规性"而上升，但过强的环境规制又会导致企业不愿披露过多碳信息，假设 H8-1 得到验证。

　　大量文献探讨了董事会独立性对企业财务报表披露信息的影响，而董事会独立性可能致使环境规制强度对碳信息披露质量的影响产生显著不同。本节利用独立董事工作地与上市公司注册地的一致性（Place）为衡量董事会独立性的变量，通过分组形式对该变量的调节作用进行 Suest 测试，结果如表 8-5 所示。P 值为 0.0113，说明应在 5% 的显著性水平下拒绝原假设（原假设为系数影响不显著），即调节变量对两组回归方程的系数的影响显著。上述结果表明，董事会独立性对环境规制强度（Reg）与碳信息披露质量（CDI）之间的倒"U"形关系具有加强作用。

表 8-5　　　　　　董事会独立性对环境规制与企业
碳信息披露的调节作用

	CDI	
	（1）组1	（2）组2
Reg^2	−0.0108*	−0.0146
	(0.0061)	(0.0145)
Reg	0.279**	0.496**
	(0.129)	(0.235)
EM	−0.4904	−0.777***
	(0.180)	(0.274)
ROE	−14.54***	0.133
	(3.168)	(3.585)
Size	0.954***	1.038***
	(0.154)	(0.239)
IR	0.117	0.0137
	(0.183)	(0.097)
Constant	−20.03***	−23.28***
	(3.566)	(5.397)

续表

	CDI	
	（1）组 1	（2）组 2
N	488	488
R^2	0.084	
P 值	0.0113	

三 稳健性检验

为增强实证结果稳健性，减少样本选择性偏差和遗漏关键变量所造成的影响，本节采用倾向得分匹配法（PSM）进行稳健性检验，结果如表 8-6 所示。以碳信息披露质量（CDI）的中位数定义 0—1 虚拟变量，根据公司的权益乘数、净资产收益率、规模等信息，通过 Logit 回归得到各样本上市公司的倾向得分并加以匹配。由于描述性统计结果显示碳信息披露质量（CDI）的中位数为 1，本节选择碳信息披露质量（CDI）作为匹配变量，将碳信息披露质量（CDI）小于等于 2 的观测值和碳信息披露质量（CDI）大于 2 的观测值分为两组进行匹配。

表 8-6　　　　环境规制与企业碳信息披露的稳健性检验

	CDI
	匹配组
Reg^2	-0.0083***
	（0.0022）
Reg	0.1802***
	（0.0416）
EM	-0.2071***
	（0.0563）
ROE	-1.4199***
	（0.9093）
Size	0.3827***
	（0.0518）

续表

	CDI
	匹配组
IR	−0.3721**
	(0.1535)
Constant	−9.3161***
	(1.204)
N	488
R^2	0.1405

第五节　结论与研究启示

本章选取2012—2017年上证社会责任指数成分股（100指）的企业作为研究对象，运用非线性的最小二乘法模型检验了环境规制强度与碳信息披露之间的关系，并检验了董事会独立性对两者关系的调节作用。研究结果表明，环境规制强度与碳信息披露之间具有显著的倒"U"形关系，且董事会独立性对该关系有显著的正向调节作用。随着政府环境规制强度增大，企业的碳信息披露质量会先上升后下降。从企业角度看，为实现利润最大化目标，在环境规制强度加大的情况下，企业会权衡披露成本与惩处成本：当环境规制强度相对较小时，企业的披露成本小于惩处成本，企业为达到利润最大化会选择提高碳信息披露质量；反之，当环境规制强度相对较大时，公众对环境问题的关注程度更高，企业的披露成本大于惩处成本，企业宁愿受罚也要降低碳信息披露质量。同时，企业的董事会独立性越强，碳信息披露水平与环境规制强度之间的倒"U"形关系越明显。因此，本章的研究结论对科学制定环境政策具有如下启示意义：

第一，适宜的环境规制强度可以使企业的碳信息披露水平达到最高，为使环境规制强度达到适当的"度"，政府制定政策时应考虑尽可能使企业经济利益与节能减排目标相一致。政府应当将市场手段与行政手段相结合以达到监管目的，使用单一手段易使环境规制强度过大或过小。

第二，政府应继续强化落实上市公司独立董事制度。有效执行独立董事制度能提高在同一环境规制下的企业环境信息披露水平，使环境规制得到更有效的遵循。

第三，中央政府应协调各地方政府的环境监管政策，在考虑各地区经济水平、自然环境差异的基础上，缩小各地方政府的环境规制差异，从而保障环境政策的统一落实，以便于提高上市公司的环境信息披露水平，降低信息不对称性。

第九章

环境规制、董事会秘书
特征与环境信息披露

第一节　引言

　　环境信息作为企业信息披露的重要组成部分，既是督促企业将可持续发展理念贯彻于企业生产经营过程的重要手段，也是指导企业管理者在谋求企业利润最大化时自觉履行环保义务的关键举措，是环境规制执行效果在公司维度的直观反映。董事会在公司治理中扮演着重要角色，而董事会秘书作为董事会的一员，在企业与外界之间发挥着桥梁作用。我国在 2005 年《中华人民共和国公司法》（以下简称《公司法》）中首次以法律形式确认了董事会秘书的高管地位和职能，并进一步明确了其最主要职责之一在于监督企业信息披露情况。2006 年，为进一步完善董事会秘书职责，相关部门修订了《上市公司股东大会规则》《上市公司章程指引》《上海证券交易所股票上市规则》等多项规定。由此可见，董事会秘书在公司治理中不可或缺，与公司环境信息披露水平密切相关。

　　既有董事会秘书相关研究成果主要集中于董事会秘书制度对企业信息披露质量的影响方面。研究初期，周开国等（2011）运用事件研究法，以新《公司法》实施为分界点，研究发现公司信息披露质量得到显著提高，但董事会秘书个人特征对信息披露质量未有显著影响。翟光宇等（2014）以商业银行为样本也得到相似结论，表明董事会秘书个人特征与信息披露质量之间的关系未达研究者预期，董事会秘书制度的实施尚未取得明显成效，有待进一步完善。在董事会秘书制度日益成熟之际，部分学者重新探讨了董事会秘书个人特征在企业信息披露中发挥的作用（高凤莲和王志强，2015；林长泉等，2016）。然而，伴随我国经济社会发展对企业的环保要求日益提升，仅限于广义层面信息披露的董事会秘书制度研究显然不足。因此，将董事会秘书制度研究从信息披露深入至环境信息披露，可为健全我国企业董事会秘书制度及完善环保部门监督治理政策提供重要理论参考与支持。

第二节　理论分析与研究假设

一　董事会秘书任期与环境信息披露质量

近年来，资本市场曾出现多次董事会秘书"离职潮"，许多企业于数年之内频繁更换董事会秘书，其中最短任期甚至少于一个月。董事会秘书任期将如何影响企业发展值得探讨。当前，对于企业高管任期时长对企业环境信息披露的影响，学界研究结论尚未统一。有学者认为，高管长期任职会为其带来丰富的实战经验、较高的管理能力和广泛的社会关系，且在一定程度上会对公司内外环境形成更充分的认知，能够深刻意识到环境保护对企业长期发展的益处，从而愿意承担更多环境责任。但也有学者认为，高管任期与企业环境信息披露质量之间存在负相关关系。其研究表明，新任高管比在职时间较长的高管更倾向于依法依规完成自身职责，故而更愿意承担环境信息披露制度所带来的压力，并采取积极的管理政策。

随着 2005 年《公司法》以立法形式对董事会秘书的地位和职能予以明确，加之董事会秘书在现代企业制度建设中的重要性日益凸显，学者开始将研究对象逐步明确化。高凤莲和王志强（2015）将任期作为衡量社会资本的指标之一，认为董事会秘书社会资本越大，企业信息披露质量越高，董事会秘书任期时间与 MD&A 信息披露指数呈正相关，其中 MD&A 包含过去与未来的财务信息与非财务信息。杜兴强等（2013）则从财务信息角度出发，发现董事会秘书长期任职会增强财务信息披露水平，降低财务违规概率与股价崩盘风险。事实上，企业披露的信息包括财务信息与非财务信息，非财务信息也是外界了解公司状况的重要信息来源，环境信息则是非财务信息中最受关注的内容。然而，目前鲜有研究探讨董事会秘书任期在公司环境信息披露中的作用。

根据高阶梯队理论，管理者的认知、价值观、偏好及经历等特质与企业的战略决策紧密相关。董事会秘书作为上市公司信息披露的主要负责人，是联结企业与市场的重要枢纽。在企业日常经营过程中，董事会秘书一方面要面对企业内部压力，另一方面要在环境监管不断趋严的形势下，及时、准确地披露相关信息。换言之，如果董事会秘书在任职期间严格按照信息披露规则履行职责，很可能导致部分高管人员的利益受损，引发其不满情绪，反之又可能违反信息披露规定。因此，新任董事会秘书由于缺乏经验和威信，很可能难以平衡企业内部压力和外部监管。在企业环境信息披露过程中，尽管传播中介、接受者认知等均会对环境信息的传递效果产生影响，但是披露者（董事会秘书）作为传播过程起点，其职责履行情况会对环境信息披露质量产生最为直接的影响。董事会秘书的长期任期会使其更有效地促使高管成员达成共识，采取更适合公司长期发展和满足投资者环境需求的政策。更重要的是，随着董事会秘书任期的延长，董事会秘书的社会资本会日益丰富，有远见的董事会秘书往往会做出更符合政府要求和公众利益的行为，降低环境诉讼可能性，并以此获得良好声誉，而不会以自身名誉为代价铤而走险。因此，与短期在职的董事会秘书相比，长期在职者规范和监督企业环境信息披露质量的动机越强，自愿披露态度更为积极且信息披露水平更高。基于上述分析，本章提出以下假设：

H9-1：董事会秘书任期时间与企业环境信息披露质量呈正相关关系。

二　董事会秘书国际化背景与环境信息披露质量

近年来，随着经济全球化进程的不断深入，具有海外背景的高管成为资本市场上不可忽视的重要力量。综合国内外学者研究，有关具有海外经历的高管对于公司治理的影响，目前尚未达成一致定论。但在社会责任方面，多数学者认为，具有海外经历的高管在接受了西方系统的社会责任教育后，会更加了解社会责任的重要性，并形成社会责任意识，从而对环境信息披露质量产生积极影响。一直以来，发达国家在社会责任及环境责任方面均具备领先优势。首先，在资本市场方面，西方国家率先制定了企业环境责任的国家战略，且从20世纪中叶起便逐渐以立法形式完善了企业环境责任战略和制度，营造出全社会重视环境责任的良好氛围；其次，在教育方面，欧美等发达国家的环境责任教育体系较为成熟和规范，环境责任观念深入人心。文雯和宋建波（2017）的研究证实了这一观点，发现相对于无海外背景高管的企业，拥有海外背景高管的企业，其社会责任感更高。

综观现有文献，有关董事会秘书经历的研究主要集中在财务方面。董事会秘书具有财务经历可以提高公司盈余信息含量，且在董事会秘书素质较高时，财务经历发挥的作用更大（姜付秀等，2016）。在企业IPO进程方面，具有财务专业经验的董事会秘书有助于提高企业的IPO成功率并加速IPO进度。然而，鲜有文献探讨董事会秘书的海外经历等其他经历。根据烙印理论，高管个体在海外的生活可被视为一段重要的人生经历，会给个体带来"印记"，进而对其以后的生活和工作行为产生极大的影响。具有海外经历的董事会秘书一方面对海外的环境信息披露制度文化有着切身体会；另一方面对于海外企业的运作模式和企业社会环境责任的实践方式会更加熟悉，更加认同企业环境责任理念，更能将海外企业中先进的管理理念和企业价值观运用至我国企业管理实践，提升其所在公司的企业环境信息披露质量。因此整体而言，董事会秘书的海外经历能够通过烙印效应对企业环境治理产生积极影响，从而促使环境信息披露质量得到明显提升。根据上述分析，本章做出以下假设：

H9-2：董事会秘书国际化背景有助于提高企业环境信息披露质量。

三 财务绩效对董事会秘书特征与环境信息披露质量关系的调节

企业财务绩效是否会影响企业环境信息披露质量，是研究企业环境信息披露行为的重要视角。财务业绩恶化通常会驱动企业提高信息披露质量，即当企业财务绩效不佳时，企业将更倾向于积极自觉履行企业社会责任，从而提升社会环境责任方面的信息披露质量，以此转移投资者注意力，从而改善控股股东和利益相关者对企业未来绩效的消极判断。

然而基于资金供给假说，企业承担社会责任必须在满足自身正常经营的基础之上。依循委托代理理论与信息不对称理论，委托人与代理人之间的利益冲突或信息不对称情形，会使代理人出现机会主义行为或自利决策，有选择性地决定信息披露水平。信息披露是《公司法》赋予上市公司董事会秘书的法定义务，要求其及时、准确、充分地披露信息，提高监管部门和委托人等利益相关者的信息掌握程度。从董事会秘书职责来看，理论上企业财务绩效不应对信息披露的质量产生影响。然而在企业实际经营中，董事会秘书作为企业高管的一员，自身亦存在逐利本性，因此财务绩效在一定程度上会影响董事会秘书在披露信息时的选择。

目前，我国金融体系发展仍不成熟，环境信息披露制度仍待完善，从而使董事会秘书有机会实施逆向选择。董事会秘书作为企业内部环境信息披露的主要负责人，有动机也有机会基于自利目标开展信息披露。例如，利用环境信息披露掩饰公司财务绩效劣势，并转移外部投资者注意力。此外，相较于企业外部，企业内部对公司情况具备信息优势，因此当企业财务绩效不理想时，企业会选择从其他方面展示企业优势。已有众多研究表明，企业通过积极履行自身社会责任，将有助于提升声誉与树立社会形象，进而加强投资者信心，最终对公司的长期业绩和自身价值带来积极影响。因此，当财务绩效持续恶化至一定程度时，董事会秘书很可能做出积极正向的环境决策以获取外部利益相关者的认可，满足多元考核体系中其他指标的要求，分散投资者关注度。当存在盈余信息和诸多负面信息时，企业为降低诉讼风险，亦会选择提高信息披露质量。因此，基于上述分析，本章认为公司为达成多项指标和满足自身需求，会在财务绩效不佳时倾向于披露更多环境信息。

　　财务绩效的调节作用不仅可以通过理论论证，而且可被我国证券市场的上市公司信息披露实践所证实。例如从披露时间来看，年报披露时间为每年的 4 月 30 日之前，而社会环境责任报告披露的时间未被明确规定。因此，董事会秘书可在不利的经营情形下实施信息披露管理，通过披露高质量的环境信息以获得投资者、社会公众的信赖。

　　综上所述，董事会秘书可能会有选择性地进行环境信息披露，即当财务绩效表现不佳时，董事会秘书会更倾向于披露及时、充分和准确的企业环境信息。基于上述分析，本章提出以下假设：

　　H9-3a：财务业绩负向调节董事会秘书任期与环境信息披露质量的关系。

　　H9-3b：财务业绩负向调节董事会秘书国际化背景与环境信息披露质量的关系。

第三节　研究设计

一　样本选择与数据来源

　　本章以 2012—2016 年我国 A 股中已披露环境信息和公司董事会秘书信息的上市公司为初始样本，剔除金融业、ST 企业以及数据缺失的企业，最终得到有效观测值 1665 个。环境信息披露质量评级数据来自和讯网，董事会秘书任期与国际化背景通过查阅董事会秘书简历手工整理，其他财务数据来自 Wind 数据库。

二　变量定义

（一）被解释变量

　　针对环境信息披露质量的衡量方法，国内外学者尚未达成一致意见。前期，在意识到数量计分法存在仅考虑数量而忽略质量的缺点后，内容分析法成为常用方法之一。然而内容评分法也带有一定主观因素，存在人力等客观条件限制，衡量结果不尽如人意。近年来，为克服内容分析法的不足之处，"润灵环球数据库""和讯网数据库"等社会评级机构提供了企业社会责任报告的评级结果，包括环境责任报告评级，从而逐步为学界所认可。本章采用和讯网数据库中的环境责任评级分数作为衡量企业环境信息披露质量的指标，其中环保意识、环境管理体系认证、环保投入金额、污染种类数和节约能源种类数各占比20%。

（二）解释变量

1. 董事会秘书任期（Tenure）

董事会秘书任期是指董事会秘书在企业任职的时间，以月为单位。任期信息以翻阅年报中关于董事会秘书简历信息为基础，结合巨潮网对缺失数据进行补充完善。为减少异方差，对董事会秘书任期数作对数化处理。

2. 董事会秘书的国际化背景（Int）

董事会秘书的国际化背景指董事会秘书在海外学习或工作的经历。Giannetti等（2015）研究发现，中国大陆的制度背景与港澳台地区存在较大差异。为确保海外背景数据的准确性，将港澳台地区求学工作及在中外合资企业和中国大陆企业的海外分支机构的工作经历也视作海外工作背景。通过年报中关于董事会秘书的简历信息，手工收集国际化数据，对于缺失数据查阅巨潮网和百度百科进行补充。国际化背景（Int）为虚拟变量，若董事会秘书拥有海外经历，则取值为1，否则取值为0。

3. 财务绩效（Roe）

本章将财务绩效作为调节变量，在主研究基础上进行进一步研究。目前衡量企业财务绩效的指标较为丰富，但总体可归为两大类：市场指标和会计指标。市场指标强调股东回报率，但易受到市场有效性的影响，而会计衡量指标不仅基于股东立场，而且更能反映企业整体经营成果。在我国股票市场监管机制尚不成熟的背景下，会计指标更能客观反映企业财务绩效。因此，本章借助会计指标中的净资产报酬率（Roe）来衡量财务绩效。

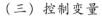

（三）控制变量

除董事会秘书特征外，环境信息披露质量还会受到诸多因素影响。根据国内外已有研究成果，本章选取了负债程度（Lev）、第一大股东持股比例（SH）、独董比例（Pctind）、监事会规模（Sup）、流通股比例（Out Share）、两职合一（Dual）、高管持股比例（MH）、审计机构类型（Dadtunit）以及环境战略（Strategy）作为控制变量。此外，本章还控制了行业和年份，表9-1列示了主要变量及其定义。

表 9-1 变量及其定义一览

变量性质	变量名称	变量符号	变量定义
被解释变量	环境信息披露质量	EDI	和讯网数据库环境责任评级分数
解释变量	任期	Tenure	在企业任职的时间，取在任月数的对数
	国际化背景	Int	虚拟变量，若董事会秘书拥有海外经历取值为1，否则取值为0
调节变量	财务绩效	Roe	净资产报酬率=（利润总额+财务费用）/净资产
	现金收益	Coe	经营活动净现金流量/净资产
控制变量	负债程度	Lev	负债总额/资产总额
	第一大股东持股比例	SH	第一大股东持股比例
	独董比例	Pctind	独立董事人数/董事人数
	监事会规模	Sup	监事会总人数
	流通股比例	Out Share	如果当天无交易则取第一次公告日期之后最近一天交易的流通总市值/当天的总市值
	两职合一	Dual	虚拟变量，若董事长和总经理为同一人则取值为1，否则为0
	高管持股比例	MH	管理人员持股数量/总股数
	审计机构类型	Dadtunit	若境内出具审计意见的会计师事务所是国际四大之一，值为1，否则为0
	环境战略	Strategy	若企业获得 IOS14001 认证，赋值为1，否则为0
	行业	Industry	行业虚拟变量，采用证监会 2001 年行业分类标准
	年份	Year	年份虚拟变量

三 公式设计

构建式（9-1）至式（9-4）以检验本章研究假设。

$$EDI = \alpha_1 + \alpha_2 Tenure + \alpha_3 Controls + \sum Year + \sum Industry + \varepsilon$$
$$(9-1)$$

$$EDI = \beta_1 + \beta_2 Int + \beta_3 Controls + \sum Year + \sum Industry + \varepsilon$$
$$(9-2)$$

$$EDI = \delta_1 + \delta_2 Tenure + \delta_3 Tenure \times Roe + \delta_4 Roe + \delta_5 Controls +$$
$$\sum Year + \sum Industry + \varepsilon \qquad (9-3)$$

$$EDI = \gamma_1 + \gamma_2 Int + \gamma_3 Int \times Roe + \gamma_4 Roe + \gamma_5 Controls +$$
$$\sum Year + \sum Industry + \varepsilon \qquad (9-4)$$

第四节　实证结果与分析

一 描述性统计分析

描述性统计结果如表 9-2 所示。环境信息披露质量指数（EDI）的均值为 14.72，标准差为 5.47，离散程度较高，说明不同公司之间披露的环境信息质量指数存在较大差异，最大值达 27.00，最小值仅为 4.00。董事会秘书国际化背景（Int）均值为 0.08，标准差为 0.27，说明董事会秘书中具有海外背景的从业人员所占比重不高。董事会秘书任期（Tenure）均值为 3.81，标准差为 0.99，说明董事会秘书任期存在较大差异，最小值为 0.00，表明部分董事会秘书任期不足一个月。

表 9-2　　　　　　　　　主要变量描述性统计

变量名称	样本数	均值	标准差	最小值	25%	中位数	75%	最大值
EDI	1665	14.72	5.47	4.00	11.00	15.00	19.50	27.00
Int	1665	0.08	0.27	0.00	0.00	0.00	0.00	1.00
Tenure	1665	3.81	0.99	0.00	3.22	4.09	4.53	5.23

续表

变量名称	样本数	均值	标准差	最小值	25%	中位数	75%	最大值
Lev	1665	0.48	0.20	0.01	0.33	0.50	0.64	0.87
Roe	1665	0.08	0.14	-2.21	0.04	0.09	0.14	0.34
SH	1665	0.36	0.16	0.03	0.23	0.36	0.48	0.74
Sup	1665	3.91	1.30	2.00	3.00	3.00	5.00	9.00
Pctind	1665	0.37	0.06	0.18	0.33	0.36	0.40	0.57
Dadtunit	1665	0.12	0.32	0.00	0.00	0.00	0.00	1.00
Strategy	1665	0.79	0.41	0.00	1.00	1.00	1.00	1.00
OutShare	1665	0.82	0.24	0.06	0.66	0.96	1.00	1.00
Dual	1665	0.19	0.39	0.00	0.00	0.00	0.00	1.00
MH	1665	0.03	0.08	0.00	0.00	0.00	0.01	0.63

二　基本回归分析

在本章的两个解释变量中，董事会秘书任期通常伴随年份而变化，因此采用固定效应模型；董事会秘书的国际化背景则不随年份改变，因此不能采用固定效应模型。为保证模型选择准确性，进行豪斯曼检验（Hausman）。

表9-3列示的是董事会秘书任期与环境信息披露质量的豪斯曼检验。P值为0.0908，小于10%，故拒绝原假设，应使用固定效应模型而非随机效应模型。

表9-3　　　　　　　　　　豪斯曼检验

	（b）FE	（B）RE	（b-B）Difference	S. E.
Tenure	0.3080***	0.1400	0.1680	0.0510
Roe	1.0890	1.5570	0.5320	0.3780
Lev	1.8950	1.4280**	0.4670	0.9200
SH	0.3010	0.3310	-0.0300	1.4460
Sup	0.2790	0.2120**	0.0670	0.1660
Pctind	4.2410	2.1280	2.1130	1.8230

续表

	（b）FE	（B）RE	（b-B）Difference	S. E.
Dadtunit	−0. 7590	0. 0440	−0. 8020	0. 6150
Strategy	1. 9200	2. 1740***	−0. 2540	1. 2850
Out Share	−0. 2830	−0. 9020*	0. 6190	0. 3480
Dual	−0. 1620	−0. 1930	0. 0310	0. 2680
MH	0. 7200	1. 0730	−0. 3530	1. 2450

Prob>chi2 = 0. 0908（V_ b-V_ B is not positive definite）

　　表9-4列示的是董事会秘书国际化背景与环境信息披露质量的豪斯曼检验。P值为0. 6692，大于10%，故不拒绝原假设，应使用随机效应模型而非固定效应模型。

表9-4　　　　　　　　　　　　豪斯曼检验

	（b）FE	（B）RE	（b-B）Difference	S. E.
Int	1. 0860	1. 3460***	−0. 2600	0. 5010
Roe	1. 1570	0. 5670	0. 5900	0. 3790
Lev	1. 9500*	1. 3800*	0. 5720	0. 9210
SH	0. 1720	0. 3330	−0. 1610	1. 4480
Sup	0. 2310	0. 2150**	0. 0170	0. 1660
Pctind	4. 4330	2. 2480	2. 1850	1. 8270
Dadtunit	−0. 6610	−0. 0060	−0. 6670	0. 6140
Strategy	2. 2490*	2. 2390***	0. 0100	1. 2910
Out Share	−0. 2660	−0. 8070*	0. 5410	0. 3490
Dual	−0. 1790	−0. 2210	0. 0420	0. 2690
MH	0. 8080	0. 8730	−0. 0650	1. 2450

Prob>chi2 = 0. 6692（V_ b-V_ B is not positive definite）

　　表9-5列示了各公式回归结果。其中列（1）为式（9-1）的回归结果，董事会秘书任期（Tenure）与环境信息披露质量在1%水平

下显著正相关，表明董事会秘书任期与环境信息披露质量存在显著的正相关关系，即相对于任期较短的董事会秘书，任期较长的董事会秘书所在公司环境信息披露质量更高，初步验证了假设 H9-1。列（2）为式（9-2）的回归结果，其中董事会秘书国际化背景（Int）与环境信息披露质量在 1% 水平下显著正相关，说明董事会秘书国际化背景与环境信息披露质量存在显著的正相关关系，即董事会秘书拥有国际化背景有助于提高其企业的环境信息披露质量，假设 H9-2 得到验证。列（3）为式（9-3）的结果，董事会秘书任期与财务绩效的交乘项（Tenure×Roe）系数为 -0.7360，在 10% 的水平下显著为负，说明财务绩效对董事会秘书任期与环境信息披露质量的关系具有负向调节作用，验证了假设 H9-3a。列（4）为式（9-4）的回归结果，董事会秘书国际化背景与财务绩效的交乘项（Int×Roe）系数为 -6.8720，在 10% 的水平下显著为负，说明财务绩效对董事会秘书国际化背景与环境信息披露质量的关系具有负向调节作用，假设 H9-3b 得到验证。

表 9-5　　　　　　　　　　基本回归分析结果

	EDI			
	式（9-1）	式（9-2）	式（9-3）	式（9-4）
Tenure	0.3080***		0.3510***	
	(0.1040)		(0.1070)	
Tenure×Roe			-0.7360*	
			(0.4340)	
Int		1.3460***		1.9530***
		(0.4710)		(0.5650)
Int×Roe				-6.8720*
				(3.5300)
Roe	1.0890	0.5670	3.0460**	0.8040
	(0.7720)	(0.6750)	(1.3880)	(0.6850)
Lev	1.8950	1.3780*	1.9140	1.4330**
	(1.1700)	(0.7260)	(1.1690)	(0.7270)
SH	0.3010	0.3330	0.4390	0.3400
	(1.7030)	(0.9050)	(1.7040)	(0.9050)

续表

	EDI			
	式（9-1）	式（9-2）	式（9-3）	式（9-4）
Sup	0.2790	0.2150**	0.2790	0.2140**
	(0.1970)	(0.1070)	(0.1970)	(0.1070)
Pctind	4.2410	2.2480	4.2190	1.8700
	(2.7380)	(2.0480)	(2.7350)	(2.0560)
Dadtunit	-0.7590	-0.0060	-0.7660	0.0020
	(0.7460)	(0.4250)	(0.7450)	(0.4250)
Strategy	1.9200	2.2390***	1.9880	2.2670***
	(1.3400)	(0.3870)	(1.3390)	(0.3880)
Out Share	-0.2830	-0.8070*	-0.2690	-0.8300*
	(0.5780)	(0.4620)	(0.5770)	(0.4620)
Dual	-0.1620	-0.2210	-0.1660	-0.2420
	(0.4100)	(0.3110)	(0.4100)	(0.3110)
MH	0.7200	0.8730	0.7350	1.0840
	(1.9830)	(1.5490)	(1.9810)	(1.5520)
Constant	8.7920***	9.4930***	8.5210***	9.4830***
	(2.0100)	(1.2190)	(1.9480)	(1.7310)
Industry	√	√	√	√
Year	√	√	√	√
N	1665	1665	1665	1665
Adj. R^2	0.0510	0.4910	0.0560	0.4130

三 稳健性检验

已有研究表明，高管特征对环境信息披露质量具有显著影响，因此本章在稳健性检验中进一步控制除董事会秘书外的其他高管任期和其他高管国际化背景的影响，以排除企业其他高管任期、国际化背景对研究结果的干扰。在控制上述变量后，结论均未发生改变，董事会秘书任期和国际化背景依然是影响环境信息披露质量的重要因素，并且董事会秘书任期及其国际化背景会显著提高企业环境信息披露质量。

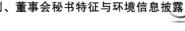

四　进一步研究

在分析上市公司财务绩效时，仅参考净资产收益率等指标并不充分，因为会计核算采用权责发生制，遵循配比原则，使会计利润并非企业的真正收益。会计应计制的主观性程度较高，由此引发应计利润现金收益在持续性方面表现较差。相对于利润中的应计收益，现金收益涉及主观判断较少，更能够客观真实地反映企业财务业绩。考虑到盈余管理问题，本章在进一步研究中剔除财务绩效中的应计收益部分，从现金收益角度探究其对董事会秘书特征与环境信息披露质量关系的调节作用。

表9-6列示了考虑盈余后，"真实"的财务绩效对董事会秘书任期与环境信息披露质量调节作用的回归结果。在列（3）中董事会秘书任期与现金收益的交乘项（Tenure×Coe）系数为-0.8030，且在1%水平下显著相关，说明现金收益将负向调节董事会秘书任期时长对环境信息披露质量的影响，即现金收益状况不佳可能会积极调节董事会秘书任期与环境信息披露质量的关系。列（4）中董事会秘书国际化背景与现金收益的交乘项（Int×Coe）系数为-4.8010，在5%的水平下显著为负，说明现金收益对董事会秘书国际化背景与环境信息披露质量的关系具有负向调节作用。

表9-6　　考虑盈余后的财务绩效对董事会秘书特征与环境
信息披露质量的调节作用

	EDI			
	式（9-1）	式（9-2）	式（9-3）	式（9-4）
Tenure	0.3120 ***		0.3560 ***	
	(0.1050)		(0.1060)	
Tenure×Coe			-0.8030 ***	
			(0.2970)	
Int		1.0730 **		1.5320 ***
		(0.4570)		(0.4980)

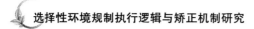
续表

	EDI			
	式（9-1）	式（9-2）	式（9-3）	式（9-4）
Int×Coe				-4.8010**
				(2.1040)
Coe	0.0980	-0.7970	1.6950**	-0.5900
	(0.5190)	(0.4970)	(0.7850)	(0.4830)
Lev	1.6310	1.5470*	1.8670	1.5850**
	(1.1560)	(0.7410)	(1.1550)	(0.7370)
SH	0.3730	-0.0890	0.4520	-0.0790
	(1.7040)	(0.8220)	(1.6990)	(0.7960)
Sup	0.2790	0.0920	0.2830	0.0870
	(0.1980)	(0.0700)	(0.1970)	(0.0630)
Pctind	4.2920	1.2730	4.4440	1.3070
	(2.7410)	(2.7220)	(2.7330)	(2.6080)
Dadtunit	-0.7270	0.4770	-0.7720	0.4910
	(0.7460)	(0.5400)	(0.7440)	(0.4920)
Strategy	2.0450	2.3580***	2.0030	2.3760***
	(1.3400)	(0.5400)	(1.3360)	(0.5570)
Out Share	-0.2710	-1.6030***	-0.2910	-1.5980***
	(0.5780)	(0.5570)	(0.5770)	(0.5470)
Dual	-0.1460	-0.2420	-0.1480	-0.2000
	(0.4100)	(0.4050)	(0.4090)	(0.3760)
MH	0.6990	-0.2900	0.7370	-0.3760
	(1.9860)	(1.1440)	(1.9800)	(1.0930)
Constant	8.7700***	10.7100***	8.5880***	10.7100***
	(1.9510)	(1.2370)	(1.9460)	(1.2450)
Industry	√	√	√	√
Year	√	√	√	√
N	1665	1665	1665	1665
Adj. R^2	0.0510	0.4130	0.0570	0.4140

第五节　结论与研究启示

本章以我国 2012—2016 年 A 股市场为研究对象，考察董事会秘书特征对企业环境信息披露质量的影响，并进一步分析财务绩效对董事会秘书特征与环境信息披露关系的调节作用。研究结果表明：首先，董事会秘书任期与企业环境信息披露质量呈正相关关系，而财务绩效在其中发挥负向调节作用，即不理想的财务状况会促进董事会秘书任期与环境信息披露质量的正相关关系；其次，董事会秘书国际化经历有助于企业披露高质量的环境信息，且财务绩效具有负向调节作用，即不理想的财务状况会促进董事会秘书国际化经历与环境信息披露质量的正相关关系；最后，考虑盈余后，现金收益负向调节董事会秘书任期及其国际化背景与企业披露的环境信息质量之间的关系。

本章据此提出下述建议：第一，完善董事会秘书制度，从董事会秘书制度的历史演变来看，董事会秘书制度在我国起步较晚，相关研究还不尽完善，需要进一步健全规范有关董事会秘书的法律法规，方能真正发挥董事会秘书在公司治理中的作用；第二，加强董事会秘书履职监督，对董事会秘书的职责与权限应当进一步细化，在确保董事会秘书独立行使权力的同时，加强对董事会秘书尽责履职情况的监督，从而提高企业信息披露质量。

第十章

环境规制、行业异质性与
内部人减持

第一节　引言

作为我国证券市场成立以来的一项重大改革措施，股权分置改革在适应资本市场发展新形势的同时也伴随着若干问题，尤其是大量非流通股解禁获准流通之后，大股东的大规模减持风波引发投资者、监管层等利益相关者的密切关注。该现象除暴露出监管法规缺陷外，更反映出公司内部人具有减持牟利的强烈意愿。那么，环境规制政策是否会强化抑或弱化内部人减持意愿？

现有文献关于环境规制对微观企业影响的研究主要集中于产业绩效、技术创新等方面，缺乏对企业高管和大股东减持情况的探讨，且尚未有定论。以环境规制与产业绩效的相关研究为例，环境规制的传统制约理论认为环境规制会导致企业成本费用增加，降低生产效率，最终恶化产业绩效。Jorgenson 等（1990）发现，环境规制使美国国民生产总值降低了 2.6%，这种负向影响在有色金属、石化和造纸行业这类污染型行业中尤为明显。Christainsen 等（1981）认为，环境规制不但会增加企业的额外成本，而且改造生产线处理污染物还会占用其他资金，从而降低产业绩效。但也有相当一部分学者持"正向影响论"观点，Poter（1991）、Rassier 和 Earnhart（2015）等提出环境规制会驱使企业开展技术升级，提升产业绩效，形成环境改善与产业绩效提升的"双赢"局面。Jaffe（1995）等学者研究发现，环境规制与产业绩效之间不存在明显关联。Zhou 等（2019）从环境规制弹性角度对环境规制对产业绩效影响异质性的形成机制进行解释。

在内部人减持的研究方面，大量研究表明上市公司内部人通过减持本公司股票获得了超额收益（Eckbo et al.，1998；曾庆生，2008）。而且相当一部分研究认为内部人减持之所以能够获利是源于其对自身信息优势的利用（Jaffe，1974；Myers et al.，2001），即提前掌握将对股价造成重大影响的信息。然而，Coff 和 Lee（2007）通过分析内部人交易数据发现，内部人在进行股票交易前，不仅会参考尚未披露的重要内部信息，还会关注所在公司的盈利能力、公司规模等综合发展能力；发展潜力越大、研发能力越强的上市公司内部人进行股票交易后的市场反应会越强，内部人更易获利。

针对当前研究现状，本章尝试从环境污染程度这一行业异质性视角出发，探讨环境规制对内部人减持规模的影响。根据《上市公司股东、董监高减持股份的若干规定》，本章将"内部人"界定为公司大股东与高级管理人员。其中，大股东是指持股 5% 以上的股东，高级管理人员是指总经理、副总经理、财务负责人以及董事会秘书等公司章程规定的相关人员。

本章的主要研究贡献在于：一是从内部人减持入手考察环境规制的微观经济后果，既有环境规制研究主要集中于环境规制与企业技术创新及经济绩效的相关性，本章研究拓展了环境规制的经济后果研究领域；二是证实了重污染行业内部人面对环境规制所表现出的减持动向，丰富了内部人减持动因相关研究，为中小投资者股票投资提供决策依据。

第二节　理论分析与研究假设

在股票市场中普遍存在信息不对称现象，尤其是上市公司内部高管及大股东与公司外部投资者之间，信息掌握呈明显的不对称状态。相对于外部投资者而言，公司内部人主要存在两种信息获取优势：①提前获取关键的内幕消息；②凭借对公司日常运营情况的掌握，对公司价值和业绩前景做出更准确的判断。上市公司内部人利用上述信息优势，形成了关于公司的独特价值判断，此即内部人获取超额收益的根源。需要指出的是，利用内幕消息获利是已被法律明令禁止，但内部人借助较为全面的财务信息和职业判断能力，对公司未来价值和股票走势进行合理判断，并正确选择交易时机进而获利则完全合法。因此，上市公司内部人在获得利空消息后，会倾向于提前进行股票减持以规避潜在损失（Myers and Majluf，2001；朱茶芬，2010）。

新古典经济学理论认为，环境规制迫使企业投入资金进行生产线环保升级并缴纳排放罚款。环保支出的增加，打破了企业正常运行的收支平衡，在技术状况和产品需求不变的情况下，挤占企业资金，降低企业生产率和利润率。因此，环境规制会在短期内损害财务绩效（Christainsen et al.，1981；叶红雨等，2017）。此外，Snyder（2003）指出环境规制政策的存在使企业被迫开展环保技术研发以满足相关法律要求，额外费用会导致企业生产总成本增加，进而影响企业经济效益。柯文岚等（2011）利用环境规制作用于企业进入、生产成本和技术创新的传导机制，对产业绩效的综合影响进行实证分析，结果显示，在短期内环境规制对山西煤炭采选业绩效具有直接负效应影响。上述研究均证实了新古典经济学理论关于环境规制效应的观点，即环境规制会损害企业财务业绩。根据信号传递理论，上市公司财务业绩下滑的信息会向股票市场传递利空信号。如前述及，内部人具有信息优势，可以第一时间预测并获知环境规制对企业未来价值和股价的影响，因此极有可能在环境规制水平较高的情况下出售股票变现，以此减少因股价下滑带来的预期损失。

尽管波特假说认为合理的环境规制能够促进公司在生产工艺等方面进行技术创新，由此产生的激励作用，会弥补甚至超越环境规制带来的经济损失，使产业绩效得到提升。但是，创新投入带来的产业绩效提升存在明显时滞，且技术创新蕴含的高度风险令技术创新改善企业环境绩效、提升企业业绩表现存在较大不确定性（颉茂华，2014）。同时，依据行为金融理论，投资者存在短视的损失厌恶（吴战篪等，2012）。据此推断，在预测到存在股价下跌风险时，上市公司高管和大股东会倾向于抛售股票变现以规避风险。基于上述分析，本章提出以下假设：

H10-1：环境规制强度与内部人减持规模呈正相关关系。

现存环境规制研究中的行业异质性通常特指不同行业上市公司的污染程度差异。本章借鉴沈能（2012）、刘金林等（2015）、李梦洁等（2016）学者的研究思路，从行业异质性这一视角出发，探究行业异质性对环境规制与内部人减持规模关系的影响。

不同行业在生产要素特性、资源密集程度、生产工艺等方面存在差异，最终导致不同行业环境污染程度的差异。环境规制对上市公司的影响与其所在行业特性紧密相关，这一影响主要是由不同行业对环境规制法律法规的敏感程度差异所造成。非重污染行业的上市公司环境污染程度较低或接近零污染，因而对环境规制政策的敏感程度较低或几乎不受影响，环境规制对公司的财务业绩影响相对有限，因此对内部人减持意愿无明显影响。而重污染企业是受环境规制政策约束的主体，环境规制对其企业运营成本、融资活动等影响相对更大，从而强化内部人的减持意愿。

国外相关研究发现，环境规制对公司的影响还受行业污染特性调节。Cohen等（2003）发现，环保技术创新在美国高污染程度的制造业行业中受环境规制的影响程度更高，对较低污染水平公司的影响相对不明显。Ford等（2014）认为，环境规制能促进企业创新，在石油天然气行业尤为明显。在国内也有学者得出类似结论，沈能（2012）

认为，不同行业的环境绩效对于环境规制强度的弹性系数和极值存在差异，重污染行业吸收环境规制不利影响的能力较差。王锋正等（2016）认为，环境规制之所以能促进工业行业研发的进行，主要是源自对重污染行业的规制行为，因此政府应该以工业行业分类为基础，重点关注污染密集型行业的环境规制。

上述研究均表明，环境规制在不同污染程度的企业中具有不同的调节效应。多数情况下，环境规制对高污染程度行业企业造成的影响效果要相对明显。基于上述分析，本章提出以下假设：

H10-2：与其他行业企业相比，环境规制强度对重污染行业企业内部人减持规模具有更强的负向影响。

第三节　研究设计

一　样本选择与数据来源

本章以2011—2016年的A股上市公司为研究样本。为使研究结果更具准确性，对样本进行如下处理：①剔除2011—2016年的ST、*ST公司股票；②剔除金融行业公司；③剔除数据缺失的样本；④由于样本数据缺失，剔除注册地为西藏的上市公司。

按行业分布将样本企业分为重污染行业企业和非重污染行业企业，其中重污染行业的认定依据为环保部2010年公布的《上市公司环境信息披露指南》以及2008年公布的《上市公司环保稽查行业分类管理名录》，认定煤炭、采矿、纺织、制革、造纸、石化、制药、化工、冶金、火电等16个行业为重污染行业。

本章数据主要来自CSMAR数据库、Wind数据库、《中国统计年鉴》和《中国环境年鉴》。其中，内部人减持数据主要来自CSMAR数据库和Wind数据库，地区环保投入数据和规模以上工业企业销售额数据通过手工搜集《中国统计年鉴》和《中国环境年鉴》相关数据获得。

二　变量定义

（一）环境规制强度（ER）

环境规制包含环境法令颁布、环保当局执行力度等，难以进行准确度量。现有文献多采用间接指标对环境规制情况予以测度，主要方法包括：

一是以定性指标为基础，对环境规制政策进行评分，进而构建环境规制强度（Dasgupta et al.，2001）；二是使用污染物治理投资指标，认为治理投资越多，环境规制越严格（Gray，1986）；三是利用经济发展水平来描述环境规制（陆旸，2009），认为经济发展水平越高的地区，其环境规制越严格；四是使用污染物排放量来衡量环境规制强度（Kolstad et al.，2004），认为环境污染物排放量越少，环境规制越严格。此外，现有文献还会使用环境规制法律法规数量、与环保相关的行政处罚案件数量、环境检查的次数等反映环境规制的严格程度。

上述环境规制测度方法中，打分法主观性较明显，对地区环境规制强度描述不够精确；人均 GDP 能在一定程度上反映环境规制强度，但未包含公民环境诉求、经济结构等其他因素对环境规制的影响；相关法律法规在实际施行中存在一定问题，难以完全反映环境规制执行效果。考虑到数据可获得性和相对完善程度，本章借鉴 Gray（1986）、Feng 和 Chen（2018），采用各个省份治理工业污染总投资和规模以上工业企业产品销售额的比值作为衡量环境规制强度的指标。

（二）内部人减持规模（RV）

鉴于不同公司发行的股票规模存在差异，不同公司内部人减持的股票数量绝对值存在明显的差异。借鉴曹国华等（2012）的研究，本章使用年度高管和大股东减持股份占总股本的比例测度内部人减持行为。由于相关法规对内部人一定期间内减持股票上限做出限制，因此当内部人在一年内多次分批减持时，将相应减持股份作合并处理。

表 10-1   变量及其定义一览

变量性质	变量名称	变量符号	变量定义
被解释变量	内部人减持规模	RV	当年度高管和大股东减持股份占总股本的比例
解释变量	环境规制强度	ER	治理工业污染总投资与规模以上工业企业销售额之比
控制变量	成长性	Growth	本期营业收入增长额与上期营业收入总额之比
	净现金流量	CF	本年现金流入量与本年现金流出量之差
	上市年龄	Age	企业上市后至相应年末的年数
	盈利能力	Roa	当期净利润/平均资产总额
	公司规模	Size	企业年度总资产均值的自然对数
	股权集中度	Shrce	第一大股东持股比例
	产权性质	Soe	国有上市公司为1，非国有上市公司为0
	市场化指数	Market	采用樊纲市场化指数
	两职合一情况	Duality	如果总经理和董事长为同一人则取1；反之取0
	上年定向增发情况	Addissue	若上年公司进行了定向增发则为1，否则为0
	股价水平	Price	公司前半年各月末股票收盘价平均值
	行业	Industry	行业虚拟变量
	年份	Year	年份虚拟变量

三　公式设计

为验证环境规制强度对内部人减持规模的影响，本章参考曹国华（2012）、Söderholm 等（2015）学者的研究，构建式（10-1）。

$$RV_{i,t} = \alpha_0 + \alpha_1 ER_{i,t} + Controls + \sum Ind + \sum Year + \varepsilon \quad (10-1)$$

式（10-1）中，i 表示公司，t 代表年份，$RV_{i,t}$ 代表 i 公司第 t 年度大股东和高管减持股份占总股本的比例，$ER_{i,t}$ 代表 i 公司第 t 年所受环境规制的强度。为验证假设 H10-1 和假设 H10-2，本章将样本公司按照所在行业是否属于重污染行业进行分组研究。

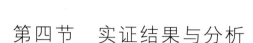

第四节　实证结果与分析

一　描述性统计分析

表 10-2 列示了主要变量的描述性统计结果。从中可知，内部人减持规模（RV）的均值约为 2%，但各公司内部人减持规模差异较大，最低减持比例近乎于零，最高减持比例接近 40%。按照拥有 50% 有投票权股份即可拥有公司控制权来计算，最高减持比例的股东很可能已经放弃了公司控制权。环境规制强度（ER）的平均值为 7.46，最高为 33.96，最低为 1.51，标准差为 6.43，说明各省份环境规制的强度参差不齐。在控制变量的描述性统计中，股权集中度（Shrce）统计结果表明，第一大股东持股的比例最低为 8.10%，最高为 70.42%，说明样本公司的股权集中度差别显著，不同公司的控股结构存在较大差异，但均值 32.32% 说明总体而言第一大股东均对公司决策有较大影响力。上年定向增发情况（Addissue）均值为 0.15，说明仅有小部分样本公司在上年定向增发股票。

表 10-2　　　　　　　　　　主要变量描述性统计

变量名称	样本数	均值	标准差	最小值	25%	中位数	75%	最大值
RV	8209	0.02	0.06	0.00	0.00	0.00	0.03	0.40
ER	8209	7.46	6.43	1.51	3.27	5.30	9.34	33.96
Growth	8209	0.45	1.28	−0.63	−0.03	0.14	0.46	0.98
Shrce	8209	32.32	13.95	8.10	21.60	30.00	41.55	70.42
Addissue	8209	0.15	0.36	0.00	0.00	0.00	0.00	1.00
Roa	8209	0.04	0.06	−0.17	0.01	0.04	0.07	0.23
Size	8209	21.76	1.20	19.31	20.93	21.59	22.35	25.75
Shrce	8209	32.32	13.95	8.10	21.60	30.00	41.55	70.42
Soe	8209	0.27	0.44	0.00	0.00	0.00	1.00	1.00
Market	8209	7.81	1.64	2.94	6.63	8.23	9.18	9.95

续表

变量名称	样本数	均值	标准差	最小值	25%	中位数	75%	最大值
Duality	8209	0.27	0.44	0.00	0.00	0.00	1.00	1.00
Addissue	8209	0.15	0.36	0.00	0.00	0.00	0.00	1.00
Price	8209	17.72	12.97	3.60	9.02	13.87	21.94	74.60

二 基本回归分析

表 10-3 报告了环境规制强度（ER）与内部人减持规模（RV）的全样本和分组回归结果。从中可知环境规制强度（ER）与内部人减持规模（RV）的系数为 0.0067，在 1% 的置信水平下显著。这说明环境规制强度越高，内部人减持规模越大，假设 H10-1 得到验证。表 10-3 还列示了大股东组和高管组中环境规制强度与内部人减持规模之间的关系。在两组中环境规制（ER）的系数分别为 0.0082 和 0.0047，均在 1% 水平下显著。这一系数在大股东组更高，表明在相同环境规制强度下，大股东相对高管发生减持的规模更大。上年定向增发情况（Addissue）在大股东组比高管组更显著，这说明大股东的减持受定向增发影响比高管要更加明显。股价水平（Price）在大股东组和高管组均非常显著，说明高管和大股东倾向于在高股价水平时进行减持以规避损失、获取收益。

表 10-3　环境规制与内部人减持规模全样本的多元回归分析结果

	全样本	大股东组	高管组
ER	0.0067***	0.0082***	0.0047***
	(2.9900)	(3.2700)	(2.8200)
Growth	0.0010	−0.0029	0.0006
	(1.4300)	(−1.5200)	(0.8000)
CF	−0.0555***	−0.0470***	−0.0319**
	(−2.7000)	(−2.5800)	(−2.5300)
Age	0.3507***	−0.1078***	0.5200***
	(15.6400)	(−3.9100)	(15.9700)

续表

	全样本	大股东组	高管组
Roa	−0.7276***	0.1992	0.1084
	(−4.0600)	(0.8300)	(0.4700)
Size	0.1539***	0.1180***	0.3850***
	(12.0300)	(7.7300)	(20.1800)
Shrce	−0.0039***	−0.0104***	−0.0080***
	(−3.7100)	(−8.6500)	(−4.6400)
Soe	−0.0345	−0.6065***	−0.0499
	(−0.9000)	(−12.7300)	(−0.9100)
Market	−0.0179*	−0.0107	−0.0256*
	(−1.7900)	(−1.1500)	(−1.6500)
Duality	−0.0021	−0.0176***	0.0035
	(−1.0600)	(−7.8200)	(1.1200)
Addissue	−0.0010	−0.1756***	−0.1817**
	(−0.0300)	(−3.9500)	(−2.5600)
Price	0.0110***	0.0141***	0.0077***
	(12.5100)	(14.4000)	(4.9100)
Industry	√	√	√
Year	√	√	√
N	8209	3323	4204
Adj. R^2	0.0192	0.0850	0.0332

注：括号内为 t 统计量；***、**、* 分别表示参数在 1%、5% 和 10% 的显著性水平下显著异于零。在检验结束后进行膨胀因子（VIFs）分析，均未发现严重的共线性，下同。

为检验行业异质性对环境规制与内部人减持规模关系的调节作用，对研究样本按照是否属于重污染行业分为两组，具体回归结果如表 10-4 所示。列（1）为重污染行业公司样本的回归结果，重污染行业公司样本的环境规制强度（ER）与内部人减持规模（RV）的系数为 0.0143，在 1% 的置信水平下通过显著性检验。列（2）为非重污染行业公司样本的回归结果，非重污染行业公司的环境规制强度

（ER）与内部人减持规模（RV）的系数为 0.0019，但未通过显著性检验，说明非重污染行业的环境规制强度与内部人减持规模并无直接明显关联，假设 H10-2 得到验证。为检验重污染行业公司和非重污染行业公司两组样本的回归系数是否存在明显差异，本节利用 Bootstrap 自助抽样法，随机自助抽样 1000 次计算得出经验 p 值，并据此判断两组回归系数是否存在显著差别。结果表明经验 p 值为 0.0080，在 1% 的水平下显著，表明两组系数存在显著差别，即重污染行业公司环境规制强度与内部人减持规模之间的关系相比非重污染行业公司更强，重污染行业公司会增强环境规制与内部人减持的正相关关系，假设 H10-2 得到验证。

表 10-4   环境规制与内部人减持规模根据行业异质性分组的

多元回归分析结果

	RV	
	重污染行业组	非重污染行业组
ER	0.0143 ***	0.0019
	(3.5900)	(0.7000)
Growth	0.0004	0.0019
	(0.4100)	(1.4600)
CF	0.8428 ***	-0.0726 ***
	(3.9500)	(-3.5800)
Age	0.4384 ***	0.3112 ***
	(7.6900)	(12.7200)
Roa	-2.7243 ***	-0.1974
	(-6.2500)	(-0.9900)
Size	0.1735 ***	0.1530 ***
	(4.9000)	(11.2300)
Shrce	-0.0029	-0.0044 ***
	(-1.0900)	(-3.8400)
Soe	0.0560	-0.0122
	(0.5800)	(-0.2900)

续表

	RV	
	重污染行业组	非重污染行业组
Market	−0.1075***	0.0181
	(−4.9200)	(1.5900)
Duality	0.0088**	−0.0061***
	(2.0900)	(−2.7800)
Addissue	−0.0084	0.0004
	(−0.0900)	(0.0100)
Price	0.0097***	0.0112***
	(4.6700)	(11.4500)
Industry	√	√
Year	√	√
N	2430	5779
Adj. R²	0.0370	0.0176
Empirical p-value	0.0080***	

三 稳健性检验

环境规制强度不仅与地区环保投入相关，还与生产排放的不同污染物密度有关。本节借鉴 Cole 等（2010）的研究方法，采用所在地级市工业废水排放量和二氧化硫排放量构建环境规制强度的替代变量进行回归分析。

回归分析结果如表 10-5 所示，主要变量之间的系数符号和显著性基本未产生变化。列（1）是全样本公司回归结果，环境规制强度（ER）和内部人减持规模（RV）的系数为 0.0030，在 1% 水平下显著正相关。列（2）至列（3）是按照是否为重污染行业进行分组的回归结果。重污染行业分组中环境规制强度（ER）和内部人减持规模之间的系数为 0.0036，在 1% 水平下通过显著性检验。非重污染分组中环境规制强度（ER）和内部人减持规模之间的系数为 0.0028，在 10% 的水平下通过显著性检验，与原变量检验结果有所区别，但仍然符合假设 H10-2，即重污染行业会加强环境规制强度与内部人减持规模之间的正向关系。

表 10-5   环境规制与内部人减持规模的稳健性检验

	RV		
	全样本	重污染行业	非重污染行业
ER	0.0030 ***	0.0036 ***	0.0028 *
	(4.6200)	(3.8400)	(1.7500)
Growth	0.0005 **	0.0002	0.0016 ***
	(2.4600)	(0.5900)	(4.0700)
CF	-0.0288 ***	0.0272	-0.0318 ***
	(-4.7600)	(0.6500)	(-5.2800)
Age	0.1436 ***	0.1470 ***	0.1355 ***
	(21.7300)	(10.7400)	(17.8400)
Roa	-0.6868 ***	-1.0901 ***	-0.5147 ***
	(-13.0200)	(-9.8400)	(-8.4300)
Size	-0.0554 ***	-0.0327 ***	-0.0594 ***
	(-14.7400)	(-3.6100)	(-14.4200)
Shrce	-0.0008 **	-0.0017 ***	-0.0002
	(-2.4900)	(-2.7000)	(-0.5700)
Soe	0.0347 ***	0.0808 ***	0.0088
	(3.0600)	(3.4900)	(0.6700)
Market	-0.0184 ***	-0.0291 ***	-0.0092 **
	(-6.2600)	(-5.6000)	(-2.5200)
Duality	0.0029 ***	0.0037 ***	0.0025 ***
	(5.1000)	(3.4500)	(3.6200)
Addissue	-0.0517 ***	-0.0509 **	-0.0478 ***
	(-4.3600)	(-2.1400)	(-3.5100)
Price	0.0017 ***	0.0024 ***	0.0017 ***
	(6.7300)	(4.4700)	(5.4900)
Industry	√	√	√
Year	√	√	√
N	8209	2430	5779
Adj. R^2	0.0330	0.0516	0.0276

第五节　结论与研究启示

　　本章基于信息不对称理论，研究环境规制与内部人减持规模的关系，并进一步将行业划分为重污染行业和非重污染行业，分析两者关系在不同行业的差异表现。通过选取 2011—2016 年中国上市公司经验数据，检验环境规制对内部人减持规模的影响，研究结果表明：环境规制强度越高，内部人减持规模越大；环境规制与非重污染行业公司内部人减持规模并无显著关联，而环境规制与重污染行业公司内部人减持规模之间存在显著正向关系。总体而言，环境规制在我国已经普遍为企业和政府所接受，不再是生产力领先的发达国家的专属政府行为。然而，环境规制对企业产出等方面的限制，不可避免地对企业股东特别是大股东持股意愿造成了影响。

　　已有研究表明，上市公司内部人减持会向市场传递利空信号，致使股价下跌，从而对广大中小投资者的利益造成损害。而其中违规减持尤其是利用内幕信息进行内幕交易等行为更加为市场所不容，这便需要政府监管部门加强对内部人减持行为的监督。本章研究结果表明，环境规制对重污染行业上市公司内部人减持规模存在明显影响。在面对高强度环境规制政策时，重污染行业的上市公司高管和大股东为确保自身利益不受损，会通过减持等手段将所持股票变现以规避股价波动风险，这一行为尤其需要监管部门关注。

第十一章

碳排放权交易政策的
微观企业财务效果

第一节 引言

控制温室气体排放量与节约能源是我国生态文明建设中的重要环节。2017年12月，全国碳排放权交易市场的建设工作启动，并于2021年7月正式开市。2020年9月，我国政府于第七十五届联合国大会提出"碳达峰、碳中和"目标。随着碳排放权交易试点市场的发展，试点地区的二氧化碳排放量与强度得到控制（沈洪涛等，2017），碳排放权交易的实施也对我国企业的生产、经营决策产生重要影响。然而，碳排放权交易政策的实施后果尚未得到完全检验，例如其是否将对企业财务绩效产生不利影响，能否符合"波特假说"（Porter，1991）的设计以实现环境规制与企业发展的"双赢效果"（Porter and Linde，1995）等。

基于外部性理论，企业作为追求利润最大化的经济主体与生产单位，其产生的负外部性将导致社会总福利降低，环境污染即为典型的企业负外部性问题之一（周守华等，2012）。政府通过各类环境规制政策，驱动企业将环境成本内部化，其中基于科斯产权理论（Coase，1960）形成的碳排放权交易机制即为重要手段之一。然而，由于数据

166

较难获取，目前文献对实施碳排放权交易后微观主体的经济后果研究尚不丰富。部分学者认为，碳排放权交易的实施会带来企业总成本、生产成本和库存成本的上升（Imre Dobos，2005），增加了企业研发支出（范体军等，2012），或是降低了企业价值（Chapple et al.，2013）；另有学者检验发现实施清洁生产机制项目将提高企业股票收益率（Veith et al.，2009），碳排放权交易能够提升企业价值（Oestreich and Tsiakas，2015）或是财务绩效（Abrell et al.，2011）。在2013年我国碳排放权交易试点市场启动后，沈洪涛等（2019）基于事件研究法检验提出碳排放权交易能提高企业短期价值，但未能提高长期价值。由此可见，已有文献对于碳排放权交易产生的企业微观影响尚未形成定论，且多数研究采用欧盟碳市场交易数据或中国清洁发展机制基金项目历史数据（贺胜兵等，2015），我国碳排放权交易对企业产生的经济后果有待进一步检验。

基于上述考虑，本章节选取2008—2017年我国A股上市公司作为研究样本，运用倾向得分匹配（PSM）缩小样本范围，通过双重差分（DID）研究实施碳排放权交易对企业价值的影响，并进一步验证在"波特假说"情景下，碳排放权交易对企业财务绩效与研发投入的影响。研究表明，实施碳排放权交易能够有效提升企业价值；实施碳排放权交易能够有效提升企业财务绩效。进一步研究表明，实施碳排放权交易尚不能促进我国企业增大研发投入，但确实提高了纳入交易体系企业的营业外收入水平。

本章研究的主要贡献在于：第一，实证分析了碳排放权交易对企业财务绩效的影响作用，扩展和丰富了碳排放权交易经济后果的研究，相关研究结论为企业通过参与碳交易可以提升自身价值提供了理论依据，表明上市公司可以通过积极参加配额交易、CCER交易、碳金融等环境权利交易业务，加强企业环境管理水平，提升企业财务绩效；第二，分析了"波特假说"在我国碳排放权交易体系中是否成立，证明我国企业参加碳排放权交易，尚不能达到"波特假说"的研发促进条件，需要政府与碳交易机构进一步完善市场机制，丰富了基于我国实践情况验证"波特假说"的文献。

第二节　理论分析与研究假设

一　波特假说相关研究回溯

波特假说由波特于 1991 年提出，核心观点为适当的环境政策能够促进企业创新与生产效率提升，并弥补企业由于进行环境保护所产生的成本甚至形成收益。波特所指出的原因包括：其一，环境规制会使企业认识到资源利用缺乏效率；其二，环境规制将提高企业环保意识；其三，环境规制可降低投资不确定性；其四，环境规制压力将迫使企业开展创新活动，并指明可能的技术改进方向；其五，环境规制将进一步改变企业传统竞争格局（Porter and Linde，1995）。

波特假说通常被区分为弱波特假说、强波特假说与狭义波特假说（Jaffe and Palmer，1997）。其中，弱波特假说指设计良好的环境规制能够促进企业创新，强波特假说则在此基础上，进一步认为环境规制能够抵消遵循成本、提高企业竞争能力。狭义波特假说认为灵活的规制政策更能够促进企业创新。

弱波特假说已得到诸多文献的验证，例如环境规制与企业研发支出、专利申请之间的正向关系（Jaffe and Palmer，1997；Lanjouw and Mody，1996；Brunnermeier and Cohen，2003；Arimura et al.，2007；Johnstone et al.，2010）、环境规制对企业技术创新的促进作用（沈能等，2012；蒋伏心等，2013）等。对于狭义波特假说，多数研究考察了监管政策与经济手段对企业创新的影响，得出了支持结论（Jaffe et al.，2002；Iraldo et al.，2009；Brouhle et al.，2013；Teng et al.，2014）。

对于强波特假说，学界研究结论存在分歧。多数学者认为，环境规制将对企业生产率产生负面影响（Gollop and Roberts，1983；Smith and Sims，1985；Grey，1987；Barbera and McConnell，1990；Dufour et al.，1998；Rassier and Earnhart，2010），也有一部分学者发现了支持强波特假说的相关证据（Nakamura et al.，2001；Berman and Bui，

2001；Cole et al.，2005；Kammerer，2009；陈诗一，2010；Costantini and Mazzant，2012；Yang et al.，2012；王杰和刘斌，2013）。

在基于中国情境所展开的"波特假说"检验中，主要研究结论可归为三类。

一是环境规制促发了积极经济效应。环境规制通过推动企业改进生产行为，为区域产业结构调整提供驱动力，并通过提升生产率（何玉梅和罗巧，2018）、改善就业（闫文娟和郭树龙，2016）等渠道，为城市经济增长带来红利（史贝贝等，2017；范庆泉，2018）。

二是环境遵循成本对经济发展与污染治理构成一定负面影响。投资型规制与工业绿色生产率之间具有负向线性关系（原毅军和谢荣辉，2016），环境规制趋严可能迫使企业迁移至环境管制相对宽松的区域（沈坤荣等，2017）、强化金融类投资（王书斌和徐盈之，2015；蔡海静等，2021）等。

三是环境规制的实施效果与工具设置、规制强度等因素密切相关，因而与经济发展之间存在门槛效应等非线性关系。大量文献指出，我国环境规制与产业结构转型升级（李虹和邹庆，2018；谭静和张建华，2018）、循环经济绩效与经济增长质量（李斌和曹万林，2017；孙英杰和林春，2018）、工业绿色竞争力（杜龙政等，2019）、绿色技术创新产出（张娟等，2019）等之间均呈"U"形关系。低效运转的市场与环境规制限制了我国排污权交易机制的波特效应（涂正革和谌仁俊，2015）。目前，我国环境规制强度尚处于拐点左侧，如何合理设置环境规制工具与环境规制力度、完善环境规制配套体系建设以加速拐点到来，将是提升我国环境政策施行成效的重点。

二　实施碳排放权交易对企业价值的影响

环境规制对于企业价值的影响研究由来已久，除"波特假说"外，还包括"传统假说"和"不确定性假说"两种代表性观点。其中，传统假说认为企业所负担的环境责任将产生相应成本，即意味着将引起经济利益损失，从而削弱企业整体竞争水平，最终对企业长期发展构成负面影响。"不确定性假说"观点认为，环境规制与企业绩效间存在许多不确定性因素。

　　我国现有的相关研究主要集中于 CDM 项目和碳排放权交易的经济后果研究。贺胜兵等（2015）指出，肇始于 2010 年的我国 CDM 项目提升了火电行业与水泥行业相关企业的生产经营绩效。张秋莉等（2011）研究发现，该项目使相关企业的股价异常收益率显著为正。而碳排放权交易制度，实则与 CDM 项目"同根同源"。碳交易领域的相关研究表明，企业价值与信息披露正相关，与企业碳排放总量则呈显著负相关关系，即不减排会降低企业价值（张巧良等，2013）。在针对各试点省市碳配额标准差异所展开的考察中，有研究发现，在短期内，企业价值与免费配额呈正相关关系（操群，2015）。

　　当前阶段，我国碳排放权交易市场总体交易额与整体交易量均稳步提升，而全国统一碳排放权交易市场也在逐步建立完善中。因此，在分配碳排放配额方面，各试点市场将采取更加严格的手段。而节能减排相关的环境规制趋严，将迫使企业运用管理手段减少生产经营活动中的能源耗用总量以及碳排放成本，例如改善升级生产工艺、购置节能减排设施等。而另一方面，由于我国当前的企业碳信息披露制度尚未建设完善，总体披露量较少，因此上市公司详细披露碳信息将形成积极信号，产生"先动优势"，引发投资者关注度与投资意愿提升，并最终实现企业价值提升。由此，本章做出以下假设：

　　H11-1：碳排放权交易政策能够实现企业价值提升。

三　实施碳排放权交易对企业财务绩效的影响

　　科斯产权理论进一步催生了排放权交易制度。Montgomery（1972）指出，在该项制度安排下，作为排放主体的企业得以通过市场交易，获取规定额度的污染排放权，实现减少碳排放、增加经济产出的双重目标。排放权交易制度也可理解为出于控制污染排放目的，而衍生出的有限制的环境资源使用权。该项制度的提出者 Dales（1968）指出，排放权交易能够使市场在环境资源配置中发挥充分、积极的作用，企业依据市场信号进行排放权交易决策，使边际减排成本近乎平均地分配至各个排放主体，从而使整体减排成本最小化，进而达到治理污染与控制排放的帕累托最优。碳排放权交易制度促使企业减排成本降低。在针对我国省际碳排放权交易机制的考察中，有研究发现该机制降低企业减排成本的程度达到 23.44% 左右（崔连标等，2013）。另外，碳排放权交易优于命令—控制型环境规制工具之处在于，企业能够将多余的碳排放配额在碳排放权交易市场上出售并以此获取收益，从而通过市场机制激励企业开展减排活动。也即碳排放权交易政策实施后，作为碳排放主体的微观企业得以通过降低碳排放成本、开展碳交易等活动获取超额经济收益，最终实现财务绩效改善与利润水平提升。由此，本章做出以下假设：

H11-2：碳排放权交易政策能够实现企业财务绩效提升。

第三节　研究设计

一　样本选择与数据来源

为进一步识别碳排放权交易政策的影响，也即区分比较该项政策对控排企业与非管制企业的影响，本章选取 2008—2017 年我国 A 股上市公司作为数据样本。其中，样本年度选择由于各省市碳交易市场设立时间不同而存在差异。对此，本章选取各上市公司所在省市的试点市场开市时间作为衡量标准（大部分市场于 2013 年 6 月至 2014 年 3 月开市）。具体的企业名单从各地区发改委 2013—2017 年公布的《碳排放权交易企业名单》中获得。由于无法获取重庆市的控排企业名单，且重庆市场交易规模小，重要性相对较低，参考沈洪涛（2017）的研究方式，本章仅考虑深圳、北京、上海、广东、天津和湖北 6 个试点省市。

由于我国碳排放权交易制度建设尚处于试点运行阶段，较之于资本市场，其交易体量较小，所纳入的上市公司数量也较少（2014 年为 78 家，以后年度有所上升，2017 年为 137 家）。出于计量严谨性，本章采用倾向得分匹配与双重差分（PSM-DID）的检验方法，将纳入控排的企业作为处理组，从其他样本中选择对照组。参照已有研究（王帆，2016），影响企业碳排放权交易的因素包括所在区域、所处行业、规模、企业价值、盈利能力等指标，因此本章根据以上变量从非试点省市的企业中选择配对样本，并进行如下筛选：①剔除金融类的上市公司；②剔除 2010 年以后上市的公司；③剔除已经退市、ST 和 *ST 的公司；④剔除数据缺失的公司。通过匹配，处理组和对照组得到 2665 条观测值。本章数据来源于国泰安数据库、CCER 数据库、Wind 数据库、国家统计局与《中国统计年鉴》。

二 变量定义

（一）被解释变量：企业财务效果，包括企业价值、财务业绩与研发投入

企业价值，采用学术界较为常用的相对指标来衡量企业价值，即托宾 Q 值（TobinsQ），计算方法为市场价值与总资产的比值。企业财务绩效，采用学术界较为常用的相对指标来衡量企业价值，即总资产收益率（roa），计算方法为当期净利润与平均总资产的比值。

（二）解释变量：碳排放权交易政策的实施

按照规范的 DID 回归方法，本章包含三个解释变量，即碳排放权交易的实施时间（time）、该企业是否被纳入碳排放权交易（treated）以及其交乘项（time×treated）。实施时间与是否被纳入碳排放权交易均为虚拟变量。

（三）控制变量

参考徐莉萍等（2005）和罗进辉（2013）等的研究，选取 6 个控制变量来控制公司其他因素对企业价值的影响，包括流动比率（Current）、公司规模（Size）、资产负债率（Lev）、总资产周转率（Turnover）、股权集中度（Shrhfd）和投资者保护程度（Investor）。

三 公式设计

借鉴已有研究，本章设定式（11-1）至式（11-2），采用 OLS 方法进行回归分析：

$$TobinsQ_{i,t} = \alpha_0 + \alpha_1 time + \alpha_2 treated + \alpha_3 time \times treated + \gamma X_{i,t} + \varepsilon_{i,t} \qquad (11-1)$$

$$roa_{i,t} = \alpha_0 + \alpha_1 time + \alpha_2 treated + \alpha_3 time \times treated + \gamma X_{i,t} + \varepsilon_{i,t} \qquad (11-2)$$

其中，$TobinsQ_{i,t}$ 代表当期企业价值，以托宾 Q 值进行度量；$roa_{i,t}$ 代表企业当期财务绩效，以总资产收益率进行度量。α_0 为截距，α_i 为系数，time 代表试点地区实施碳排放权交易的年度，treated 代表该企业是否被纳入碳排放权交易体系，time×treated 为其交乘项，$X_{i,t}$ 代表各控制变量，$\varepsilon_{i,t}$ 为残差。

第四节　实证结果与分析

一　描述性统计分析

表 11-1 为主要变量的描述性统计结果（标准化之前的原始数据）。我国企业价值最小值为 0.01，最大值为 50940.00，表明企业之间价值差异明显。财务绩效 roa 同样反映出不同企业之间的盈利能力差距。解释变量中，碳排放权交易实施时间 time 与企业是否被纳入碳排放权交易 treated 均为虚拟变量，均值分别为 0.48 与 0.04，可见被纳入碳排放权交易的企业总量较小，有必要进行倾向得分匹配的处理。经过 PSM 处理后，被解释变量方面，我国企业价值最小值为 0.05，最大值为 121.50，企业价值差异明显减小，财务绩效 roa 呈现同样情况。解释变量中，碳排放权交易实施时间 time 的均值保持稳定，企业被纳入碳排放权交易的变量 treated 均值上升为 0.34，上述结果符合倾向得分匹配的处理要求。

表 11-1　　　　　　　　　　主要变量描述性统计

Panel A：PSM 匹配前						
变量名称	样本数	均值	中位数	标准差	最小值	最大值
TobinsQ	23622	4.86	1.70	331.90	0.01	50940.00
roa	23622	0.04	0.03	0.47	−64.82	20.79
time	23622	0.48	0.00	0.50	0.00	1.00
treated	23622	0.04	0.00	0.20	0.00	1.00
time×treated	23622	0.02	0.00	0.14	0.00	1.00
Current	23622	3.51	1.58	80.74	−5.13	12223.00
Size	23622	22.02	21.80	1.50	11.35	30.89
Lev	23622	0.43	0.42	0.22	0.09	0.82
Turnover	23607	0.63	0.51	0.54	0.00	11.42

Panel A：PSM 匹配前					
Shrhfd	23622	0.15	0.11	0.12	0.00	0.81
Investor	21581	54.82	55.02	4.66	28.17	73.59
Panel B：PSM 匹配后					
TobinsQ	2908	2.53	1.73	4.56	0.05	121.50
roa	2908	0.05	0.03	0.44	-3.78	20.79
time	2908	0.48	0.00	0.50	0.00	1.00
treated	2908	0.34	0.00	0.47	0.00	1.00
time×treated	2908	0.16	0.00	0.36	0.00	1.00
Current	2908	2.78	1.47	6.16	0.00	190.90
Size	2908	25.35	21.95	27.11	16.71	29.76
Lev	2908	0.49	0.44	1.82	0.21	96.96
Turnover	2908	0.65	0.56	0.49	0.00	7.19
Shrhfd	2908	0.16	0.12	0.13	0.00	0.78
Investor	2665	55.49	55.65	4.52	36.34	69.94

二 PSM 匹配与平行趋势检验

鉴于现有纳入碳交易体系的上市公司总数较少，以全样本进行回归很可能引发回归结果偏差。对此，需严格选取对照组。为使回归结果更加稳健，本节采用 PSM 方法为控排企业挑选非管制企业为对照组。具体而言，采用二元 Probit 模型来估计样本是"控排"企业的可能概率。参考王帆等（2016）、沈洪涛等（2017），影响企业碳排放权交易的因素包括所在区域、所处行业、规模、盈利能力等方面，因此选取企业规模（Size）、所处行业（Ind）、资产负债率（Lev）、营业总收入（Income）以及地区（Area）等作为匹配变量，按照倾向得分值为处理组挑选与其概率值最为接近的对照组。为保证倾向得分匹配法结果的准确性，本节进行平衡性检验，结果如表11-2所示。从中可知，匹配后所有变量的偏差明显减小，均在10%以内，且匹配后t检验的p值均大于10%，说明匹配后所有变量在处理组和对照组之间不存在显著差异。

表 11-2　　　　　　　　　　　　PSM 平衡性检验结果

变量名称	样本	均值			偏差降低比率（%）	t 检验	
		处理组	对照组	偏差率（%）		t 值	p>∣t∣
Size	未匹配	9.7×10^{11}	3.9×10^{10}	32.30	69.20	26.23	0.00
	匹配	9.7×10^{11}	6.9×10^{11}	10.00		1.12	0.26
Ind	未匹配	4.24	4.91	−21.40	92.00	−3.54	0.00
	匹配	4.24	4.19	1.70		0.29	0.77
Lev	未匹配	0.49	0.46	2.90	−225.60	2.67	0.00
	匹配	0.47	0.56	−9.50		−0.95	0.35
Income	未匹配	22.48	21.25	72.60	98.50	14.83	0.00
	匹配	22.48	22.46	1.10		0.14	0.89
Cost	未匹配	22.38	21.19	73.20	99.00	14.81	0.00
	匹配	22.38	22.37	0.70		0.09	0.93
Area	未匹配	148.22	252.36	−68.60	96.60	−20.49	0.00
	匹配	152.93	156.50	−2.40		−0.56	0.57

在进行 PSM 处理后，本节对实验组与控制组的财务绩效进行了平行趋势检验，结果见图 11-1。检验结果表明，在 2013 年实施碳排放权交易政策之前，控制组与实验组的财务绩效大致保持相同的变化趋

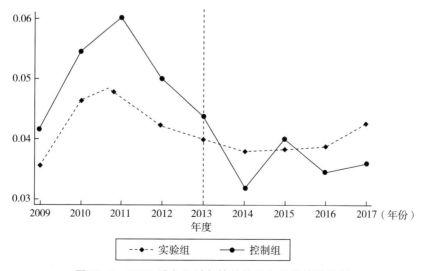

图 11-1　PSM 后企业财务绩效的平行趋势检验结果

势；在碳排放权交易市场开市后，控制组与实验组的财务绩效产生了不同变化。因此，本节使用 DID 模型进行碳排放权交易政策对企业业绩的影响研究，符合平行趋势假设的前提条件。

三　基本回归分析

表 11-3 列示了碳排放权交易与企业价值、财务绩效之间的回归结果，其中式（11-1）用以验证假设 H11-1，分别为总体样本下（PSM 匹配前）与匹配之后样本（PSM 匹配后）的回归结果；式（11-2）用以验证假设 H11-2。各公式的被解释变量分别为 TobinsQ 与 roa，流动比率、企业规模、资产负债率、周转能力、股权集中度与投资者保护程度作为控制变量。

表 11-3　　　　　　　　　全样本多元回归分析结果

	TobinsQ	TobinsQ	roa
	（1）PSM 前	（2）PSM 后	（3）
time	−0.4980*** (−8.0000)	−0.4720** (−2.5800)	−0.0060* (−1.7300)
treated	−0.1080 (−1.1300)	−0.3640*** (−3.1300)	−0.0070*** (−3.0900)
time×treated	0.4080*** (3.0500)	0.3660*** (2.2900)	0.0050* (1.6500)
Current	0.0001 (1.1700)	0.0420*** (6.5100)	−0.0001 (−0.2800)
Size	−0.0320** (−2.1300)	−0.1290* (−1.7900)	−0.0020 (−1.2500)
Lev	−0.1740*** (−6.9400)	−0.4900*** (−3.6600)	−0.0350*** (−12.6700)
Turnover	−0.0920*** (−3.2400)	−0.0500 (−0.5600)	0.0140*** (7.5400)
Shrhfd	−0.7700*** (−6.7200)	−0.4850 (−1.6100)	0.0250*** (4.1100)
Investor	−0.0510*** (−16.7200)	−0.0450*** (−4.9300)	0.0020*** (8.5600)

续表

	TobinsQ	TobinsQ	roa
	（1）PSM 前	（2）PSM 后	（3）
Constant	5.7400*** (28.4900)	4.9830*** (8.1500)	-0.0420*** (-3.3700)
年度控制	√	√	√
行业控制	√	√	√
N	21581	2665	2665
R²	0.1940	0.2330	0.1560
Adj. R²	0.1930	0.2250	0.1460
F	152.9000	26.7200	16.2200

表 11-3 列（1）和列（2）列示了碳排放权交易政策影响企业价值的检验结果，可知无论是否进行 PSM 匹配，核心解释变量交互项 time×treated 与企业价值均在 1% 的显著性水平下显著正相关。由此可得，较之于未纳入碳排放权交易机制的非管制企业，管控企业在纳入该体系后企业价值显著提升。同时，如表 11-3 列（3）所示，交互项 time×treated 与企业资产收益率也在 10% 的显著性水平下显著正相关。上述结果表明实施碳排放权交易政策可以显著提升纳入企业的财务绩效。在控制变量中，流动比率与企业价值在 1% 的显著性水平下显著正相关；而资产负债率与企业价值、财务绩效均在 1% 的显著性水平下显著负相关，与主流研究认识相符。

四　稳健性检验

进一步进行稳健性检验，以增加实证研究结果的可靠性。具体而言，更换基础回归中的解释变量，以净资产收益率 roe 替代总资产收益率 roa，重新检验碳排放权交易对企业财务绩效的影响，并选用进行 PSM 处理前后的两次样本，进行式（11-2）的回归检验。表 11-4 的实证结果显示，碳排放权交易的实施对企业净资产收益率 roe 仍然能够产生显著的正向影响，检验结果并未实质性改变，表明本研究结论较为稳健。

表 11-4　　碳排放权交易的微观企业财务效果的稳健性检验

	roe	roe
	PSM 前	PSM 后
time	-0.0150^{***} (-6.4100)	-0.0180^{**} (-2.5100)
treated	-0.0060 (-1.5800)	-0.0130^{***} (-2.8100)
time×treated	0.0070^{*} (1.4100)	0.0080^{*} (1.2900)
Current	0.0000 (0.0400)	-0.0000 (-0.7800)
Size	0.0030^{***} (4.7500)	0.0000 (0.0100)
Lev	-0.0000 (-0.0400)	-0.0030 (-0.5400)
Turnover	0.0190^{***} (17.9100)	0.0300^{***} (8.5800)
Shrhfd	0.0450^{***} (10.1900)	0.0470^{***} (4.0100)
Investor	0.0040^{***} (31.0700)	0.0040^{***} (10.1000)
Constant	-0.1530^{***} (-19.8400)	-0.1410^{***} (-5.9000)
年度控制	√	√
行业控制	√	√
N	21581	2665
R^2	0.1000	0.1360
Adj. R^2	0.0986	0.1260
F	70.3900	13.8100

五 进一步研究

(一) 实施碳排放权对企业研发投入的影响

依据"波特假说"理论，技术进步是经济发展与环境治理的关键因素。因此，除关注各类环境规制工具对企业财务绩效的影响外，更为重要的关注点在于其对企业创新研发的影响。现有关于环境规制与技术领域的研究，多数围绕两者间的代理变量、研发投入、专利产出等内容，展开了较为广泛的理论与实践探讨。Lanjouw 等（1996）利用美、德、日企业的环境相关专利数据，检验了技术研发投入与污染治理支出之间的关系。其研究表明，污染治理支出与环境专利数量之间呈正相关关系，也即环境规制强度提升具有技术创新促发效应。在针对美国制造业企业所进行的研究中，Jaffe（1997）发现，污染治理支出每增加 0.15%，相关企业绿色技术研发投入增加 1%，也即环境规制推动了企业技术研发投入。鉴于我国环境权益交易市场建设仍处于初步发展中，对于其能否促进企业技术研发投入增加，学界尚未得出统一结论。在基于我国情境所开展的"波特假说"检验中，有学者运用我国省际面板数据，发现其在我国东部地区得到较好验证，而在东北部、中部与西部地区则未能得到较好支持（江珂，2009）；亦有学者采用我国重污染行业企业数据，证实了"波特假说"（颉茂华等，2014）。然而，部分研究结果未能支持"波特假说"存在，譬如有学者指出，我国排污权交易制度在长期和短期内，均无法通过提升环境治理技术水平，兼顾环境治理与经济增长目标（涂正革等，2015）。

如前所述，对于碳排放权交易政策能否促进我国企业技术研发投入增加，仍有待进一步检验。为识别实施碳排放权交易对企业技术创新的影响，需要区分比较政策实施前后企业的具体情况。一方面，可能存在企业通过研发投入获得生产工艺改进，从而能够节约配额进行融资或出售，获取更高预期收益的情况；另一方面，目前我国碳交易市场管制较宽，企业更倾向于采用购买清洁能源或环保设备的方式进行减排活动。因此，本节进一步将企业研发强度（R&D）设为被解释变量，同样采用基于 PSM 匹配后的样本展开检验，其他变量设定保持不变，得到的检验结果如表 11-5 列（1）所示。交乘项解释变量 time×treated 与企业研发强度呈正相关，但该相关关系并不显著。因此，本节实证研究结果未能支持碳排放权交易政策提升了纳入企业技术研发投入。

表 11-5　　　　　　　　　进一步研究回归结果

	R&D	Non operating	investment
	（1）	（2）	（3）
time	−0.7150 （−0.7800）	0.3920*** （4.4800）	0.0170 （0.2000）
treated	−0.3150 （−1.0200）	0.2850*** （5.4300）	0.0190 （0.3600）
time×treated	0.1420 （0.3800）	0.1350** （1.8700）	0.0680 （0.9500）
Current	0.0430*** （3.3500）	−0.0050* （−1.6700）	−0.0040 （−1.2700）
Size	−0.7420 （−1.2300）	0.3710*** （13.2900）	0.2170*** （7.8200）
Lev	−3.0380*** （−6.3400）	0.4910*** （8.1300）	0.2390*** （3.9800）
Turnover	−2.5610*** （−11.2300）	0.1020** （2.5300）	0.1170*** （2.9100）
Shrhfd	−1.3090* （−1.7900）	0.3660*** （2.6900）	0.8640*** （6.3800）
Investor	0.0660*** （3.0600）	0.0210*** （5.1700）	0.0250*** （6.0500）
Constant	1.5730* （1.0600）	−1.8760*** （−6.4900）	−2.0220*** （−7.3300）
控制年度	√	√	√
控制行业	√	√	√
N	1745	2648	2638
R^2	0.2730	0.2610	0.2670
Adj. R^2	0.2610	0.2520	0.2590
F	22.2100	30.7400	31.6900

（二）实施碳排放权对企业营业外收益与投资收益的影响

已有研究中，有学者提出企业能够通过清洁生产项目获得节能资金、交易收益与其他超额收益。当前，我国碳排放权交易建设尚处于试点与发展阶段，在企业碳会计处理方面，项目调研发现企业多以简化处理的方式进行会计确认。在钢铁、水泥、金属等高排放制造行业当中，企业当前主要对配额买卖进行会计处理，将整个经济事项以历史成本法计入营业外收入或成本。而在电力、碳资产管理行业以及投资机构中，通常以公允价值展开计量，将碳排放权交易收益、公允价值变动等全部计入投资收益。由此可得，在财务绩效方面，碳排放权交易目前将对企业营业外收入与投资收益构成最为直接的影响。综上所述，本节提出假设：碳排放权交易政策能够促进企业营业外收益与投资收益提升。

对此，本节将企业当期营业外收入（Non operating）与投资收益（investment）设为被解释变量，同样基于 PSM 匹配后的样本展开进行检验，其他变量设定保持不变，检验结果如表 11-5 列（2）至列（3）所示。解释变量 time×treated 与营业外收益在 5%水平下显著正相关，证明碳排放权交易政策的确有助于纳入企业的营业外收入水平提升。但解释变量与投资收益的关系并不显著，未能支持碳排放权交易政策促进了企业投资收益提高。其可能原因在于，当前我国绝大多数企业仅在会计处理中记录碳交易配额，而未确认碳排放免费配额，从而导致碳交易整体金额数量较小，未能显著影响投资收益。

以研发投入总额 R&Dsum 替代研发强度 R&D，对样本进行 PSM 处理后再次进行式（11-3）的回归检验。实证结果如表 11-6 所示，碳排放权交易的实施仍未对企业研发投入总额 R&DSum 产生显著影响，检验结果并未实质性改变，表明本节研究结论较为稳健。

表 11-6　　　　　　　　进一步研究的稳健性检验

	R&Dsum	
	PSM 前	PSM 后
time	0.1410*** (2.8200)	0.2440 (0.6700)

续表

	R&Dsum	
	PSM 前	PSM 后
treated	0.4880 ***	0.4490 **
	(7.8600)	(2.3300)
time×treated	−0.2080	−0.2170
	(−0.6600)	(−0.9100)
Current	0.0010	0.0100
	(1.2700)	(1.1500)
Size	3.4230 ***	2.8340 ***
	(43.5100)	(10.2900)
Lev	0.3980 ***	1.4980 ***
	(9.5200)	(4.9400)
Turnover	0.0510 ***	0.0810
	(2.8300)	(0.5600)
Shrhfd	0.2960 ***	0.5210
	(4.2300)	(1.1200)
Investor	0.0160 ***	0.0350 **
	(8.0800)	(2.5000)
Constant	−1.1230 ***	−3.0550 ***
	(−8.1200)	(−2.9700)
年度控制	√	√
行业控制	√	√
N	13951	1804
R^2	0.1700	0.1000
Adj. R^2	0.1680	0.0857
F	83.8500	6.8260

第五节　结论与研究启示

随着我国碳排放权试点交易市场的发展，碳排放权交易的实施对我国企业的生产、经营决策产生了重要影响。本章选取 2008—2017 年我国 A 股上市公司作为研究样本，采用倾向得分匹配（PSM）与双重差分（DID）研究方法，检验碳排放权交易政策对企业财务绩效的影响，研究发现，碳排放权交易政策有效促进了企业价值与财务绩效提升。进一步研究表明，实施碳排放权交易尚不能促进我国企业研发投入与投资收益提升，但确实促进了纳入碳排放权交易体系企业的营业外收入水平提升。根据以上结论，提出如下政策建议。

第一，需进一步加强碳排放权会计准则的有效设计，促使企业具有加入碳排放权交易体系的积极意愿。碳排放权交易政策同时肩负环境保护意愿，因此其会计处理将区别于一般经济事项。一方面，碳排放权交易会计处理需保障可行性与可靠性；另一方面，其也应与政府监管要求相符。针对碳排放权交易中的碳排放配额、CCER 等产品，碳排放权会计准则应加以具体分类，设立不同资产科目与会计处理方法，避免当前交易收益主要计入营业外科目的简化处理。

第二，区分企业碳信息使用者，增强碳信息的企业价值提升作用。譬如，资本市场及相关投资者更多关注碳排放权交易的经济效果，故而应在披露内容中加入交易企业实施减排耗费成本、获得收益等交易信息；证监会等相关机构出于经济监督管理目的，需要获取纳入碳排放权交易体系企业在碳会计处理方式披露、履约完成时间等方面的合规信息；而各级发改委与环保部门则更关注企业碳交易中的环境绩效，如能源耗用量、碳排放量与碳减排量等环境信息。综上所述，通过区分企业碳信息的使用者，从而在基础碳信息披露上，提供经济、合规与环境等方面的相关信息，以进一步增强碳信息披露对企业价值提升的作用。

第三，国家统一交易市场应针对技术研发进行碳金融交易，增加碳排放权交易的技术提升作用。目前，碳排放权交易尚停留在企业交易收益阶段，未对企业研发创新产生显著影响。因此，建议未来交易市场针对节能、减排与环保技术研发设计相应碳金融产品，促进企业加强研发创新，提高碳交易的技术提升作用。

第十二章

文明城市创评与
企业绿色技术创新

第一节 引言

近年来，我国深入推进新型城镇化战略，竭力提升城市品质与文明水平。党的十九届五中全会指出，"十四五"时期要着力提高社会文明程度，我国将持续探索以社会经济可持续发展为表征的新型城市发展模式。中央精神文明建设指导委员会于 2005 年开始举办的全国文明城市评选活动（以下简称"创文建设"）以构建文明和谐城市为导向，被普遍视为我国大陆城市类表彰的最高荣誉。

从文明城市的评价导向看，创文建设兼具环境规制作用。一方面，创文建设将环保事项前置，具备命令—控制型工具的强制性特征。《全国文明城市测评体系操作手册》针对生态环境制定了细致严格的量化指标考核标准，涵盖单位 GDP 能耗、城市空气质量、工业废水处理、城市水体环境质量等。另一方面，创文建设具有公众参与型工具与自愿行动型工具的特质（王红梅，2016）。作为一项动员全社会参与的创评活动，创文建设将强化环境治理中的社会舆论等外部监督机制。创文建设的不定期复查机制也使当选城市受到严格外生约束，城市综合文明建设得以长期保持在高水平，于企业而言是一种长期性的外生冲击（郑文平和张冬洋，2016），进一步引发企业环境治理决策改变。全国文明城市政策综合多项环境规制工具的特征，具备较为独特的执行逻辑，可借以考察其能否在一定程度上矫正选择性环境规制行为。

对环境规制与绿色技术创新关系的探究是环境规制经济后果的重要研究议题。然而，既有研究对于环境规制与绿色技术创新缺乏一致结论，不同环境规制工具之间的绿色技术创新效应差异显著。本章同时由创文建设入手考察了环境规制对绿色技术创新的影响，对于探索企业绿色发展模式、反思我国创文建设具有较强理论价值和现实意义。

与已有文献相比，本章研究可能的创新贡献在于：

一是从城市文明视角探析城市发展对企业绿色技术创新的影响，拓展了城市文明的微观经济效应研究。现有研究多从环保法律法规、财税费调控等命令—控制型工具（Jaffe and Palmer，1997；Popp，2010；Johnstone et al.，2010；郭进，2019），或是环境权益交易制度等市场激励型工具（涂正革和谌仁俊，2015；Calel and Dechezlepretre，2016；齐绍洲等，2018）等维度考察环境规制对绿色技术创新的影响效应。创文建设在发挥环境规制作用方面具有特殊性，能否形成绿色技术创新促进效应值得探究。本章亦借此进一步将企业绿色技术创新相关研究拓展至城市文明发展层面。

二是从企业绿色技术创新维度探究创文建设成效。目前，对全国文明城市评选的政策评估中少有定量研究，且多从企业生产率与利润水平、民生效应、区域经济增长、产业结构升级等方面展开（吴海民等，2015；龚锋等，2018；石大千等，2019；周志鹏和文乐，2019；徐换歌，2020；刘哲和刘传明，2021）。本章丰富了全国文明城市评选的经济后果研究，且切入视角与当下绿色创新发展环境更为契合。

第二节　理论分析与研究假设

一　创文建设及其社会经济效应

全国文明城市是指城市文明程度及市民素质均较高的城市，是反映城市整体文明水平的综合性荣誉称号。由于其创建难度较大且含金量极高，全国文明城市称号被普遍视作最具价值的城市品牌。全国文明城市评选自 2005 年以来至今已举办六届，《全国文明城市测评体系》作为其考核标准，对参评城市的政务法治、市场运行、社会人文、思想道德、生态环境、创评机制等维度予以细致考察。

理论上，创文建设通过设立清晰的生态环境指标体系，以同级竞争方式激励地方政府参与评选，最终将实现法治与制度建设改进、企业交易成本降低、社会发展环境改善等积极成果。这已得到部分研究的验证，例如全国文明城市称号具备城市品牌效应（姚鹏等，2021），能够吸引劳动力流入（朱金鹤等，2021）；城市文明进步、交易成本降低与企业发展水平提升之间存在一定逻辑机理（吴海民等，2015；周志鹏和文乐，2019）；全国文明城市评选与区域经济发展之间呈正相关关系，且城市创新能力在其中发挥调节作用（周志鹏和文乐，2019），但相较于东部沿海城市，其对经济增长的推动效应在中西部城市更为显著（黄少安和周志鹏，2020）；全国文明城市评选将促发城市污染治理效应与空间溢出减排效应（徐换歌，2020）；全国文明城市评选能够推进城市产业结构升级（刘哲和刘传明，2021）等。

然而，地方政府在创文建设中的"锦标竞赛"行为也会引致一系列负面效应。已有研究表明，主要政府管理者对文明城市的积极参评意愿，主要源于获评可能带来的政绩表现提升与晋升激励（刘思宇，2019）。但如果地方政府仅依靠行政手段强行达标获评，而非基于产业结构转型升级、技术创新等实质性经济发展，创文建设或将对城市与企业发展形成负面冲击。譬如，尽管能够显著提升城市基建等"硬件"设施，创评全国文明城市却未能在政府治理、市场秩序、法治建设等"软件"建设上取得实际突破，以致在招商引资、经济发展与就业等领域的改善效应有限（龚锋等，2018）。更有研究指出创文建设对企业利润水平存在显著抑制效应（郑文平和张冬洋，2016）。

总体而言，当前对全国文明城市评选的政策评估定量研究，多从企业生产率与利润水平、民生效应、区域经济增长、产业结构升级等方面展开，暂未有文献直接从企业绿色技术创新维度探究创文建设成

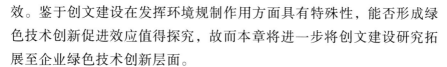

效。鉴于创文建设在发挥环境规制作用方面具有特殊性，能否形成绿色技术创新促进效应值得探究，故而本章将进一步将创文建设研究拓展至企业绿色技术创新层面。

二 创文建设与环境规制

创评活动中严格的生态环境指标约束，甚至已构成对企业的一项环境规制，其对企业发展的影响有待深入探讨。本章借鉴学者王红梅（2016）梳理的分类标准，将环境规制政策工具分为下述四种类型。命令—控制型工具以环境管治与监督层面的法律法规、标准制度为主要表现形式，以强制性、直接性为显著特征，涵盖国家级、各级地方政府、各级环保部门与行业组织三个层次。譬如，我国区域环保督查制度自 2000 年建立"区域环保督查中心"，于 2008 年组建六大中心，至 2015 年改组"区域环保督察局"，旨在突破跨区域生态环境监管与环境治理困境（陈晓红等，2020）。市场型工具以控制污染物排放量或价格为突出表征，例如环境税费补罚及各类环境权益交易制度，其核心皆为将污染负外部性内部化。又如二氧化硫排放权交易制度（涂正革和谌仁俊，2015；李永友和文云飞，2016）、碳排放权交易制度（Cheng et al.，2015；Tang et al.，2015；董直庆和王辉，2021）及其他排污权交易政策（Fare et al.，2013）。

公众参与型工具以社会公众为实施主体，伴随公民环保理念与环境维权意识日益深化而逐步发展（马勇等，2018）。公众将其环境利益需求诉诸道德舆论，依凭专家咨询制度、社会听证制度、信访制度、媒体平台等渠道，间接推进相关环保法规落实并借以强化生态环保社会监督机制。自愿型工具通常指由政府部门、行业组织协会及公益团体机构发起的环境管理体系与自愿环保行动。相较于纯粹政府规制类型的命令—控制型工具，自愿型工具偏向于元规制与自我规制（潘翻番等，2020）。其核心在于激励企业自发开展节能减排等环保作为，并依据自身情况实行差异化环境绩效标准（Prakash and Potoski，2011）。

据此，创文建设实则具备多种环境规制特质。其强制性的命令—控制特征，表现于生态环境层面的量化考核指标，对参评城市的大气、水体、能耗等重点环保事项构成严格监管；其公众参与特征展现于创评全过程的广泛群众参与，在科教文卫各层面的宣传评比中均涉及宣传动员、群众参与及群众评价；其自愿行动型特征体现于，各县市地区在参评过程中对企业环保作为予以激励，增强环保声誉的经济效益，促使企业在生产经营中自愿遵守更高环境标准。同时，创文建设作为我国"荣誉称号"锦标赛制度的重要一环，对于地方政府管理者具备较强的晋升激励（张天舒和王子怡，2020；逯进等，2020）。此外，尽管生态环境仅为创文建设的考核内容之一，但却是至关重要的评判项目，具体表现在：一是相较于文化教育、舆论宣传、党政建设、公共管理与服务等考评项目，环境治理、城市基建等项目投入成本较高、改善周期相对较长，且通常难以在临近复查的短时期内补救，故而备受地方政府部门重视，并构成城市层面的长期性外生冲击；二是对环境质量的考核具体至量化指标，其清晰的评分标准迫使参评城市落实环境整改，生态环境经历实质性改善。为此，考察创文建设的环境规制特征及经济后果，有其必要性与价值所在。

三　创文建设与绿色技术创新

依据现有研究，环境规制对企业绿色技术创新的影响，主要可概括为下述两种作用机制：

一是创新补偿效应。环境规制趋严将直接引起企业的环境遵循成本及污染型生产成本提升，尤以污染行业企业为甚，并进一步连锁影响企业经营效率与收益利润，迫使企业改进现有生产工艺流程。理论上，环境规制对企业绿色技术创新的影响成效主要源于成本节约效应、技术模仿效应和排放支付效应三方面，三种效应的权衡使不同政策工具的创新激励存在差异（Popp et al.，2010；王班班，2017）。尽管绿色技术创新活动对企业与社会发展均有诸多裨益，但仅凭市场资源配置往往难以实现社会最优水平。"双重外部性"（Ruttan，1997；Hall and Helmers，2011）与"技术锁定"（Ley et al.，2016）现象将对企业绿色技术研发构成阻力。鉴于此，环境规制对企业绿色技术创新的必要性在于，以政府干预形式激励或迫使企业从事更多清洁技术创新活动。相对于全部领域的创新活动，环境规制对绿色创新的促进作用更强且更显著（Popp et al.，2010），且几乎不存在滞后效应（Brunnermeier and Cohen，2003；Dechezlepretre et al.，2011）。

二是遵规成本效应。新古典经济学派认为，环境规制所取得的社会效益以增加企业环境遵循成本、降低企业利润为代价，最终将削弱企业竞争力并限制区域经济发展。绿色技术项目的前期高投入与不确定性产出，以及绿色创新技术对污染治理成效的外部性，致使金融市场缺乏投资动力，企业为之承担成本的意愿亦不足。当环境规制趋紧时，企业很可能采取成本规避措施，例如污染产业向周边区域或环境管制相对宽松区域迁移（沈坤荣等，2017）。依据投资替代理论，环境规制引发的行业间收益率变动，可能引起企业投资偏好改变（Demir，2009），转向投资金融业或低污染度行业，从而降低绿色投资、抑制企业绿色创新。

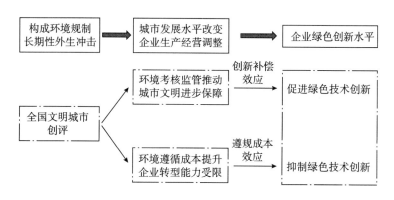

图 12-1　理论机制

依循上述逻辑，创文建设对企业绿色技术创新的影响机制存在两面性。一方面，参评城市地方政府及环保部门在创文建设期间，将持续强化生态环境监管力度，形成外部规制压力以督促企业降低其生产经营活动的环境负外部性，进而革新绿色生产技术。同时，城市文明进步有助于构建良好的企业生产经营环境。行政管理优化、人文生态环境与营商氛围改进、法制基建完善等因素，将助力实现企业降本减费、提质增效，同时为研发创新提供保障。

另一方面，创文建设中的生态环境考核体系较为严格，加之外部环境监管趋紧,很可能大幅增加企业在污染治理、安全生产等方面的环境遵循成本,影响企业财务状况。同时,企业通常需要承担技术创新活动的前期投入与研发风险,财务状况恶化将进一步限制企业转型升级能力,从而抑制企业绿色技术创新。

综合上述分析,本章提出以下竞争性假设:

H12-1a:其他条件一定时,创文建设将促进企业绿色技术创新。

H12-1b:其他条件一定时,创文建设将抑制企业绿色技术创新。

第三节 研究设计

一 样本选择与数据来源

截至目前,中央文明委分别于 2005 年、2009 年、2011 年、2015 年、2017 年和 2020 年公布了六批全国文明城市名单。为聚焦政策影响,并兼顾研究结论代表性与数据可得性,本章在研究中剔除了评选体系尚不成熟、获评城市数量偏少的第一届与第二届评选,以及现有数据缺失较多的第六届评选。最终,本章将基于第三届至第五届创文建设这一准自然实验,选取 2008—2018 年中国沪深两市 A 股上市公司的绿色专利数据及企业和城市层面的相关数据,考察创文建设对企业绿色技术创新的影响。其中,专利数据来自国家知识产权局,公司层面数据来自 CSMAR 数据库,城市层面数据来自历年《中国城市统计年鉴》。同时,对初始数据进行如下筛选:首先,根据《上市公司行业分类指引(2012)》,仅保留第二产业上市公司;其次,剔除北京、上海、县级市层面以及其他批次的全国文明城市;最后,剔除 ST、*ST 公司,以及数据严重缺失或异常的上市公司。为避免极端值干扰,对所有连续变量在 1% 和 99% 分位数上进行缩尾处理。

二 变量定义

(一)绿色技术创新指标

借鉴齐绍洲等(2018)的做法,依据世界知识产权组织(WIPO)的"国际专利分类绿色清单",结合国际专利分类号识别上市公司绿色专利授权数量，以此衡量绿色技术创新水平。这主要是考虑到绿色专利在反映企业绿色技术创新方面产出的直观性、时效性、可量化性及行业内外的溢出性（徐佳和崔静波，2020）。同时将绿色专利区分为绿色发明专利和绿色实用新型专利，以考察创新质量差异。由于外观设计专利通常不归属于绿色专利范畴，故未将其纳入考虑。

（二）DID 虚拟变量

构造如下虚拟变量：①多期 DID 虚拟变量 time，表示某城市是否获评全国文明城市称号，获评当年或次年取值为 1，尚未获评年份或始终未获评则取值为 0。其中，参考龚峰等（2018）、乔俊峰和黄智琛（2020）等，对于全国文明城市名单在上半年公布的年份，将当年视作政策冲击年份，否则将次年视作政策冲击年份；②PSM 匹配虚拟变量 Treat，曾获评全国文明城市称号则取值为 1，否则为 0。

（三）控制变量

依据已有研究，分别从公司、城市等层面选取控制变量：①公司经济特征变量，包括公司年龄、公司规模、财务杠杆、盈利能力、资本密集度、投资机会；②城市层面指标，包括城市规模、经济水平、产业结构、外商投资、人力资本、环境指标；③其他因素，包括行业、省份和年份。对部分控制变量取自然对数，以消除时间序列中的异方差现象。

表 12-1　　　　　　　　　　　变量及其定义一览

变量性质	变量名称	变量符号	变量定义
因变量	绿色专利数量	GrePatn	绿色专利总数
		GreInv	绿色发明专利数量
		GreUti	绿色实用新型专利数量
自变量	多期 DID 虚拟变量	time	城市获评当年或次年取 1，尚未获评年份或从未获评则取 0
	PSM 匹配虚拟变量	treat	曾获评全国文明城市称号则取 1，否则取 0

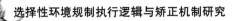

续表

变量性质	变量名称		变量符号	变量定义
控制变量	公司层面	公司年龄	Age	公司成立时间
		公司规模	Ast	总资产的自然对数
		财务杠杆	Lev	总负债/总资产
		盈利能力	ROA	净利润/平均总资产
		人均资本	Cap	人均固定资产净值的自然对数
		投资机会	TQ	总市值/总资产
	城市层面	城市规模	Pop	年均人口数量的自然对数
		经济水平	GDP	人均 GDP 的自然对数
		产业结构	Sed	第二产业产值占 GDP 比重的自然对数
		外商投资	FDI	当年实际使用 FDI 占 GDP 比重的自然对数
		人力资本	Uni	每万人在校大学生人数的自然对数
		环境指标	SO_2	单位经济产出 SO_2 排放量的自然对数
	其他	行业	Industry	行业、省份和年份的虚拟变量
		省份	Province	
		年份	Year	

三 公式设计

基于传统 DID 模型，参考姚鹏等（2021），本章构造公式如下：

$$GreTech_{i,t} = \alpha_0 + \varphi_1 Civil_{u,t} + \gamma X_{i,t} + \tau City_{i,t} + \delta_v + \omega_p + \theta_i + \varepsilon_{i,t} \qquad (12-1)$$

其中，i、t、u、v 依次表示企业、时间、城市与行业。$GreTech_{i,t}$ 为被解释变量，表示企业绿色技术创新水平，并依次以上市公司绿色专利总数 GrePatn、绿色发明专利数量 GreInv 及绿色实用新型专利数量 GreUti 进行衡量。交互项 $Civil_{u,t}$ 为解释变量，φ_1 为本章主要关注的待估系数，反映了在对是否当选全国文明城市、评选活动时间前后进行 DID 处理后，获评全国文明城市对企业绿色专利数量的影响。若 φ_1 显著为正，则表明前者于后者有积极促进作用。$X_{i,t}$ 为公司层面控制变量，$City_{i,t}$ 为城市层面控制变量，α_0 为常数项，$\varepsilon_{i,t}$ 为随机扰动项。此外，公式中还控制了行业、省份和年份。

第四节　实证结果与分析

一　描述性统计分析

表12-2主要变量描述性统计显示，上市公司绿色专利GrePatn的均值为1.66，最小值为0.00，最大值达395.00。其中，绿色发明专利GreInv的均值为0.41，最小值为0.00，最大值为108.00；绿色实用新型专利GreUti的均值为1.25，最小值为0.00，最大值为287.00。上述结果表明，样本公司之间的绿色技术创新水平差异明显。

表 12-2　　　　　　　　　　主要变量描述性统计

变量名称	样本数	均值	标准差	最小值	最大值
GrePatn	3695	1.66	10.98	0.00	395.00
GreInv	3695	0.41	2.85	0.00	108.00
GreUti	3695	1.25	8.71	0.00	287.00
Age	3695	13.83	5.76	1.00	50.00
Ast	3695	21.59	0.97	19.40	26.30
Lev	3695	0.30	0.17	0.01	3.17
ROA	3695	0.06	0.07	-1.01	0.47
Cap	3695	5.15	1.40	0.31	13.48
TQ	3695	2.22	1.23	0.86	14.15
Pop	3695	15.51	0.66	12.84	17.34
GDP	3695	11.01	0.58	8.89	12.13
Sed	3695	3.89	0.16	2.90	4.48
FDI	3695	11.67	1.51	4.33	14.94
Uni	3695	5.51	1.10	2.54	9.75
SO_2	3695	10.74	1.13	0.69	13.35

二　基本回归分析

表12-3报告了创文建设对企业绿色技术创新影响的检验结果。

列（1）至列（3）为 DID 估计结果，当因变量为 GrePatn 和 GreUti 时，Civil 系数均在 10% 水平下显著为正。列（4）至列（6）为采用 Logit 模型与半径匹配的 PSM-DID 估计结果，当因变量为 GrePatn 和 GreUti 时，Civil 系数均在 10% 水平下显著为正。而 GreInv 与 Civil 系数在两项检验中均不显著。

检验结果表明，创文建设能够显著促进企业绿色技术创新，且主要体现于绿色实用新型专利方面，假设 H12-1a 得到证实。在创文建设对企业形成的技术创新激励与环境规制压力中，创新补偿效应占据主导地位，对企业研发创新活动产生推动作用。然而绿色实用新型专利多为已有发明的本地化改造，所含创新程度偏低（Lanjouw and Mody，1996），而绿色发明专利则要求对产品、方法等提出全新技术方案，内含创新质量较高。在推动企业开展高质量绿色技术创新方面，创文建设的驱动作用尚待加强。其原因可能源于：第一，由于绿色技术创新存在"双重外部性"问题，我国企业绿色技术研发与环保投入不足的现象较为普遍，尽管创文建设能够在一定程度上刺激企业研发行为，但多数企业仍缺乏积极主动的绿色技术创新意愿；第二，当前我国企业绿色投资效率整体偏低（陈羽桃和冯建，2020），多为改造环保设施等环境领域的粗放式投资，资源配置效率与价值创造能力亟待提升。

在控制变量方面，企业规模等因素均能够正向促进企业绿色技术创新，与现有研究相符。然而企业人均固定资产水平则对绿色技术创新构成负向影响，即企业盈利能力未能够形成内部推动力，企业绿色创新动力更可能源自外部（徐佳和崔静波，2020）。

表 12-3　　　　　　　　　　基准回归结果

	DID 检验			PSM-DID 检验		
	（1）	（2）	（3）	（4）	（5）	（6）
	GrePatn	GreInv	GreUti	GrePatn	GreInv	GreUti
Civil	0.2430* (1.9300)	0.0260 (0.7300)	0.1910* (1.8000)	0.2440* (1.9400)	0.0260 (0.7300)	0.1930* (1.8100)
Age	−0.0150 (−0.7800)	−0.0020 (−0.3500)	−0.0110 (−0.7200)	−0.0150 (−0.7700)	−0.0010 (−0.3400)	−0.0110 (−0.7100)

续表

	DID 检验			PSM-DID 检验		
	（1）	（2）	（3）	（4）	（5）	（6）
	GrePatn	GreInv	GreUti	GrePatn	GreInv	GreUti
Ast	0. 4910 ***	0. 1640 ***	0. 3500 ***	0. 4910 ***	0. 1640 ***	0. 3500 ***
	（5. 6200）	（7. 2300）	（4. 8400）	（5. 6100）	（7. 2300）	（4. 8300）
Lev	0. 9720 ***	0. 1320	0. 8890 ***	0. 9820 ***	0. 1340	0. 8960 ***
	（2. 5900）	（1. 2100）	（2. 7900）	（2. 6100）	（1. 2300）	（2. 8100）
ROA	0. 4410	−0. 1200	0. 5840	0. 4400	−0. 1210	0. 5840
	（0. 5100）	（−0. 4600）	（0. 7900）	（0. 5100）	（−0. 4700）	（0. 7900）
Cap	−0. 1210 **	−0. 0060	−0. 1180 ***	−0. 1230 **	−0. 0060	−0. 1200 ***
	（−2. 4500）	（−0. 4600）	（−2. 8700）	（−2. 4900）	（−0. 4800）	（−2. 9000）
TQ	−0. 0160	0. 0070	−0. 0330	−0. 0150	0. 0080	−0. 0330
	（−0. 3800）	（0. 5700）	（−0. 9300）	（−0. 3600）	（0. 5900）	（−0. 9200）
Pop	0. 0390	−0. 0060	0. 0410	0. 0430	−0. 0050	0. 0430
	（0. 5300）	（−0. 2700）	（0. 6400）	（0. 5800）	（−0. 2300）	（0. 6800）
GDP	0. 0330	−0. 0200	0. 0700	0. 0390	−0. 0190	0. 0740
	（0. 3600）	（−0. 7000）	（0. 9000）	（0. 4300）	（−0. 6600）	（0. 9500）
FDI	−0. 0150	0. 0000	−0. 0200	−0. 0170	−0. 0000	−0. 0210
	（−0. 3400）	（0. 0100）	（−0. 5300）	（−0. 4000）	（−0. 0300）	（−0. 5800）
Sed	0. 0460	0. 1220	−0. 1090	0. 0560	0. 1250	−0. 1030
	（0. 1800）	（1. 4900）	（−0. 4900）	（0. 2100）	（1. 5200）	（−0. 4600）
Uni	−0. 0270	−0. 0070	−0. 0190	−0. 0270	−0. 0070	−0. 0200
	（−0. 6200）	（−0. 5400）	（−0. 5200）	（−0. 6300）	（−0. 5500）	（−0. 5300）
SO_2	−0. 0310	−0. 0250 **	−0. 0060	−0. 0290	−0. 0250 *	−0. 0040
	（−0. 7800）	（−1. 9700）	（−0. 1600）	（−0. 7200）	（−1. 9300）	（−0. 1200）
Constant	−10. 0230 ***	−3. 2800 ***	−7. 1290 ***	−10. 1660 ***	−3. 3150 ***	−7. 2270 ***
	（−3. 6800）	（−4. 1500）	（−3. 1000）	（−3. 7200）	（−4. 1800）	（−3. 1300）
N	3695	3695	3695	3688	3688	3688
Ind/Pro/ Year	√					

三 稳健性检验

（一）平衡性检验

PSM 平衡性检验结果列示于表 12-4。各变量经匹配后的偏差率均小于 10%，且总体显著降低。匹配后绝大多数变量在实验组与对照组之间无显著差异。图 12-2（a）表明匹配后变量离散度降低，样本分布相对集中；图 12-2（b）表明绝大多数样本均匹配成功，样本损失量较小。

表 12-4　　　　　　　　　　　平衡性检验

变量	U（未匹配）M（匹配）	均值		偏差率（%）	偏差降低率（%）	t 检验	
		实验组	对照组			t 值	p>|t|
Age	U	14.29	12.59	30.70		8.91	0.00
	M	14.28	14.24	0.80	97.40	0.29	0.77
Ast	U	21.62	21.51	11.00		3.11	0.00
	M	21.62	21.64	-2.20	80.30	-0.76	0.45
Lev	U	0.31	0.29	11.30		3.23	0.00
	M	0.31	0.31	-0.90	92.20	-0.31	0.76
ROA	U	0.06	0.07	-9.90		-2.76	0.01
	M	0.06	0.06	-2.30	76.60	-0.81	0.42
Cap	U	5.15	5.15	0.60		0.16	0.88
	M	5.15	5.15	0.00	93.60	0.01	0.99
TQ	U	2.27	2.07	18.10		5.02	0.00
	M	2.27	2.19	6.70	63.20	2.29	0.02
Pop	U	15.49	15.53	-6.20		-1.74	0.08
	M	15.49	15.52	-3.80	38.70	-1.34	0.18
GDP	U	11.01	11.03	-2.50		-0.72	0.47
	M	11.01	10.99	3.40	-35.80	1.24	0.22
FDI	U	11.65	11.73	-5.50		-1.55	0.12
	M	11.65	11.63	1.70	68.80	0.61	0.54
Sed	U	3.90	3.86	25.10		7.35	0.00
	M	3.90	3.90	-1.00	96.10	-0.38	0.70

续表

变量	U（未匹配）M（匹配）	均值		偏差率（%）	偏差降低率（%）	t 检验	
		实验组	对照组			t 值	p>|t|
Uni	U	5.49	5.51	-2.30		-0.65	0.52
	M	5.49	5.43	5.30	-131.00	1.88	0.06
SO$_2$	U	10.78	10.71	6.50		1.82	0.07
	M	10.78	10.75	1.90	70.50	0.68	0.50

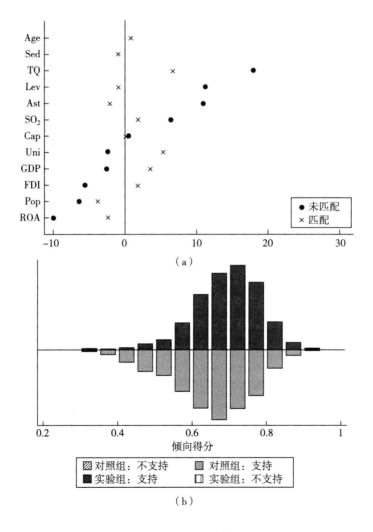

（a）

（b）

图 12-2　PSM 结果

（二）平行趋势检验

DID平行趋势假定检验结果列示于图12-3。为避免多重共线性问题，在检验中剔除政策时点前一期（"pre_1"）数据。2012年为第三届创文建设政策冲击年份（"current"），而交互项系数在此之前并未通过显著性检验，表明政策时点前实验组与对照组变化趋势大致相当；在此之后，两者变化趋势形成明显差异。检验结果符合平行趋势假设。

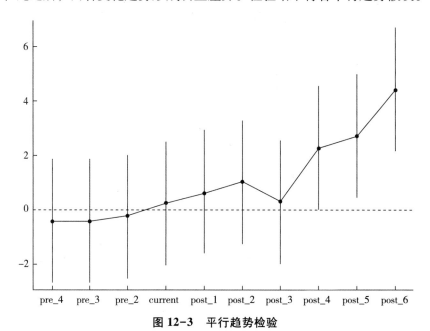

图12-3　平行趋势检验

（三）控制并行政策影响

鉴于我国近年来着重推进绿色发展，相关环保政策法规颁布及生态环境监管制度变迁很可能影响企业绿色技术创新水平。对此，选取研究期间影响较为广泛深远的2012年《中华人民共和国环境保护法》修订及2015年我国环保督察工作机制建立两项事件（陈晓红等，2020；蔡海静等，2021），构造虚拟变量EPL和EPI进行检验，结果如表12-5列（1）至列（3）所示。当因变量为GrePatn和GreUti时，Civil系数仍显著为正，与基准回归结果一致。

（四）重新筛选样本

在第三届至第五届全国文明城市评选中，南昌市、珠海市、临沂市、江门市、克拉玛依市、拉萨市、无锡市、宝鸡市、石河子市、西安市、泉州市在后续复查中被取消称号。全国文明城市被摘牌原因通常为当选后城市文明与环境治理水平走回原样、政府治理与政府管理者作风问题、发生重特大安全事故等，致使创文建设并未对企业绿色技术创新构成长期性冲击。对此，在剔除上述摘牌城市企业样本后进行检验，结果如表 12-5 列（4）至列（6）所示。当因变量为 GrePatn 和 GreUti 时，Civil 系数在 5% 水平下显著为正。且较之于基准回归结果，系数值与显著性均有所增加，本章假设得到更有力验证。

表 12-5　　　　　　　　　稳健性检验

	控制并行政策影响			剔除摘牌城市样本		
	（1）	（2）	（3）	（4）	（5）	（6）
	GrePatn	GreInv	GreUti	GrePatn	GreInv	GreUti
Civil	0.2440* （1.9400）	0.0260 （0.7300）	0.1930* （1.8100）	0.3030** （2.4000）	0.0410 （1.1000）	0.2200** （2.0800）
EPL	0.3080 （0.7300）	0.1020 （0.7900）	0.1740 （0.4800）			
EPI	0.2440 （1.5600）	−0.0000 （−0.0100）	0.1680 （1.2700）			
Age	−0.0150 （−0.7700）	−0.0010 （−0.3400）	−0.0110 （−0.7100）	−0.0030 （−0.1400）	0.0010 （0.1200）	−0.0000 （−0.0000）
Ast	0.4910*** （5.6100）	0.1640*** （7.2300）	0.3500*** （4.8300）	0.5820*** （6.4700）	0.1720*** （7.0400）	0.4210*** （5.7200）
Lev	0.9820*** （2.6100）	0.1340 （1.2300）	0.8960*** （2.8100）	0.8160** （2.1400）	0.1420 （1.2200）	0.7320** （2.2900）
ROA	0.4400 （0.5100）	−0.1210 （−0.4700）	0.5840 （0.7900）	0.5040 （0.5800）	−0.0450 （−0.1700）	0.6190 （0.8400）
Cap	−0.1230** （−2.4900）	−0.0060 （−0.4800）	−0.1200*** （−2.9000）	−0.0640 （−1.2700）	−0.0010 （−0.1000）	−0.0700* （−1.6700）
TQ	−0.0150 （−0.3600）	0.0080 （0.5900）	−0.0330 （−0.9200）	−0.0290 （−0.6900）	0.0030 （0.1900）	−0.0390 （−1.0900）

续表

	控制并行政策影响			剔除摘牌城市样本		
	（1）	（2）	（3）	（4）	（5）	（6）
	GrePatn	GreInv	GreUti	GrePatn	GreInv	GreUti
Pop	0.0430	−0.0050	0.0430	−0.0150	−0.0180	−0.0010
	(0.5800)	(−0.2300)	(0.6800)	(−0.2000)	(−0.7100)	(−0.0100)
GDP	0.0390	−0.0190	0.0740	0.0020	−0.0310	0.0600
	(0.4300)	(−0.6600)	(0.9500)	(0.0200)	(−1.0300)	(0.7600)
FDI	−0.0170	−0.0000	−0.0210	0.0190	0.0060	0.0040
	(−0.4000)	(−0.0300)	(−0.5800)	(0.4300)	(0.3800)	(0.1000)
Sed	0.0560	0.1250	−0.1030	−0.0610	0.0980	−0.2060
	(0.2100)	(1.5200)	(−0.4600)	(−0.2300)	(1.1300)	(−0.9200)
Uni	−0.0270	−0.0070	−0.0200	−0.0310	−0.0060	−0.0230
	(−0.6300)	(−0.5500)	(−0.5300)	(−0.7000)	(−0.4400)	(−0.6100)
SO_2	−0.0290	−0.0250*	−0.0040	−0.0150	−0.0270**	0.0140
	(−0.7200)	(−1.9300)	(−0.1200)	(−0.3600)	(−1.9600)	(0.4000)
Constant	−10.1660***	−3.3150***	−7.2270***	−11.2340***	−3.1200***	−8.2860***
	(−3.7200)	(−4.1800)	(−3.1300)	(−4.0500)	(−3.7200)	(−3.5700)
N	3688	3688	3688	3264	3264	3264
Ind/Pro/ Year			√			

（五）工具变量估计

由于创文建设是一项准自然实验，缺乏随机性的样本选择很可能引致自我选择偏误。为此，参照 Criscuolo 等（2019）及姚鹏等（2021）的研究，构建工具变量以解决上述内生性问题。首先对式（12-2）进行 Logit 估计，其中 $R_{i,12}$ 表示城市是否于 2012 年获评全国文明城市，$X_{i,12}$ 表示该城市参与评选时的特征，估计系数 θ_{12} 近似表示各指标决定城市是否入选的权重。进一步地，将式（12-2）扩展至式（12-3），其中 $\Delta X_{i,08-12}$ 表示样本初期至入围年份之间的城市特征变化。

$$R_{i,12} = \theta_{12} X_{i,12} \qquad (12-2)$$

$$R_{i,12} = \theta_{12} \left(X_{i,08} + \Delta X_{i,08-12} \right) = \theta_{12} X_{i,08} + \theta_{12} \Delta X_{i,08-12} \qquad (12-3)$$

$\theta_{12} X_{i,08}$ 即本节为核心解释变量 $Civil_{u,t}$ 所构造的工具变量，其与城市是否入围全国文明城市提名城市相关，且剔除城市特征变化的影响，满足相关性与排斥性假设。为第四届及第五届创文建设构造对应工具变量。随后，对式（12-3）进行 2SLS 估计。其中，识别不足检验结果的 P 值接近于 0，表明该工具变量与内生变量相关；第一阶段回归 F 统计量为 69.6，表明该工具变量非弱工具变量。2SLS 检验结果列示于表 12-6，依旧支持本章结论。

表 12-6 两阶段最小二乘法

	PSM-DID	2SLS
	（1）	（2）
	GrePatn	GrePatn
Civil	0.2440* （1.9400）	2.1760*** （3.2400）
Age	−0.0150 （−0.7700）	−0.0900* （−1.7500）
Ast	0.4910*** （5.6100）	0.2610* （1.7500）
Lev	0.9820*** （2.6100）	0.5850 （0.6000）
ROA	0.4400 （0.5100）	4.4460 （1.4600）
Cap	−0.1230** （−2.4900）	−0.3080** （−2.5000）
TQ	−0.0150 （−0.3600）	−0.2220 （−1.6000）
Pop	0.0430 （0.5800）	−0.0570 （−0.1700）
GDP	0.0390 （0.4300）	−0.3640 （−0.9800）

续表

	PSM-DID	2SLS
	（1）	（2）
	GrePatn	GrePatn
Sed	−0.0170 （−0.4000）	0.1040 （0.5400）
FDI	0.0560 （0.2100）	−1.2040 （−1.3100）
Uni	−0.0270 （−0.6300）	−0.1940 （−1.0200）
SO_2	−0.0290 （−0.7200）	0.2990* （1.9500）
Constant	−10.1660*** （−3.7200）	2.7370 （0.3100）
N	3688	3688
Ind/Pro/Year	√	

注：括号内数据在 PSM-DID 回归下为 t 值，在 2SLS 回归下为 z 值。

（六）安慰剂检验

为考察未观测地区特征影响，采用随机虚构处理组方式进行安慰剂检验，对伪处理组形成随机创文政策冲击并重复 500 次。核心估计系数均值近似于 0，且绝大多数估计系数均未通过显著性检验，本章结论稳健性得以验证。

四　进一步研究

（一）行业污染属性

较之于清洁行业，环境规制在政策意图与实际效果上，均将对污染行业形成更为强烈的冲击，高耗能行业和成本难以转嫁的行业通常更易诱发绿色技术创新。然而，环境规制趋严所引致的遵循成本大幅增加，很可能加重污染企业经济负担，最终对技术创新构成负面冲击。对此，依据《上市公司环保核查行业分类管理名录》，进一步将样本区分为重污染行业企业与轻污染行业企业。

　　分组检验结果列示于表 12-7。列（1）至列（3）为重污染行业检验结果，Civil 系数与 GrePatn 在 10%水平下显著正相关，表明创文建设能够显著促进重污染行业企业绿色技术创新。列（4）至列（6）为轻污染行业检验结果，Civil 系数与 GrePatn、GreUti 呈正相关，与 GreInv 则呈负相关，但均未通过显著性检验，表明创文建设对企业绿色技术创新的促进效应在轻污染行业较不明显。其原因可能在于轻污染行业企业所面临的环境规制压力与遵循成本通常较小，有待治理的污染体量亦偏少，企业很可能倾向于直接购买现成环保设备，而非自行开展研发。上述研究结果验证了创文建设在推动重污染行业开展绿色生产方面的成效。

表 12-7　　　　　　　　行业污染属性分组检验

	重污染行业			轻污染行业		
	（1）	（2）	（3）	（4）	（5）	（6）
	GrePatn	GreInv	GreUti	GrePatn	GreInv	GreUti
Civil	0.1370*	0.0430	0.0780	0.2200	−0.0430	0.2460
	（1.7600）	（1.3900）	（1.2500）	（0.9700）	（−0.6800）	（1.3000）
Age	−0.0120	−0.0020	−0.0100	−0.0200	−0.0000	−0.0150
	（−1.2000）	（−0.6400）	（−1.2400）	（−0.6500）	（−0.0600）	（−0.6100）
Ast	0.1990***	0.1060***	0.0920**	0.8410***	0.2640***	0.6290***
	（3.8400）	（5.5100）	（2.2300）	（5.5400）	（6.4700）	（5.0400）
Lev	0.2850	−0.0100	0.3310	1.6190**	0.1000	1.3830**
	（1.1300）	（−0.0900）	（1.6300）	（2.4200）	（0.5200）	（2.4700）
ROA	0.0130	−0.3170	0.4700	2.4780*	−0.0860	2.2160*
	（0.0200）	（−1.0700）	（0.8600）	（1.6900）	（−0.2000）	（1.8000）
Cap	0.0590*	0.0440***	0.0210	−0.1600*	−0.0300	−0.1160
	（1.8900）	（3.7500）	（0.8300）	（−1.8700）	（−1.2700）	（−1.6300）
TQ	0.0120	0.0160	0.0160	−0.0400	0.0120	−0.0560
	（0.3500）	（1.0800）	（0.5700）	（−0.5800）	（0.5700）	（−0.9600）
Pop	−0.0120	0.0030	−0.0090	0.0620	−0.0100	0.0630
	（−0.2000）	（0.1000）	（−0.1800）	（0.4800）	（−0.2600）	（0.5700）

	重污染行业			轻污染行业		
	（1）	（2）	（3）	（4）	（5）	（6）
	GrePatn	GreInv	GreUti	GrePatn	GreInv	GreUti
GDP	0.0980 （1.3500）	0.0200 （0.5900）	0.0800 （1.3500）	0.0110 （0.0700）	−0.0440 （−0.9200）	0.0620 （0.4700）
FDI	−0.0390 （−1.1600）	−0.0010 （−0.0300）	−0.0370 （−1.3600）	0.0240 （0.3200）	0.0030 （0.1500）	0.0060 （0.0900）
Sed	0.0480 （0.2400）	0.0470 （0.4800）	0.0580 （0.3500）	0.0650 （0.1400）	0.2210 （1.5800）	−0.1360 （−0.3500）
Uni	−0.0130 （−0.4000）	−0.0160 （−0.9800）	0.0010 （0.0300）	−0.0430 （−0.5800）	0.0050 （0.2100）	−0.0400 （−0.6300）
SO_2	0.0440 （1.4000）	−0.0060 （−0.3600）	0.0390 （1.4900）	−0.0910 （−1.3000）	−0.0520 ** （−2.4400）	−0.0320 （−0.5400）
Constant	−5.8060 *** （−3.0100）	−2.8550 *** （−3.2900）	−3.0700 * （−1.9600）	−16.9020 *** （−3.5600）	−4.8650 *** （−3.5400）	−13.0820 *** （−3.3000）
N	1382	1382	1382	2286	2286	2286
Ind/Pro/Year			√			

（二）产权性质

产权异质性可能引起创文建设对企业绿色技术创新的影响分化。一方面，国有企业作为区域经济发展支柱，通常与政府关联密切且享有政策优待，使其对创文建设冲击较不敏感。另一方面，国有企业通常承载政府意志，对于贯彻创文建设的政策意愿须发挥表率作用，从而率先主动开展生产工艺改进与环境治理活动。产权性质差异分组检验结果列示于表12-8。列（1）至列（3）为国有企业检验结果，Civil 系数与 GrePatn、GreInv 及 GreUti 呈负相关，但均未通过显著性检验。列（4）至列（6）为非国有企业检验结果，Civil 系数与 GrePatn、GreUti 在5%水平下显著正相关。

上述结果表明，创文建设显著促进了非国有企业的绿色技术创新。这一现象可能源于：第一，创文建设不仅包含中央的社会文明发展与环境治理意愿，且对地方政府管理者晋升具有重要意义，相较于与政府密切相关的国有企业，非国有企业在创文建设期间很可能将面临更为严格的环境检查考核，致使非国有企业更为显著地受到政策冲击，为配合地方政府而在绿色生产、环境保护等方面采取更多措施；第二，非国有企业通常具备更加灵活的创新氛围。

表 12-8　　　　　　　　　产权性质分组检验

	国有企业			非国有企业		
	（1）	（2）	（3）	（4）	（5）	（6）
	GrePatn	GreInv	GreUti	GrePatn	GreInv	GreUti
Civil	−0.1720 （−0.4100）	−0.0340 （−0.1800）	−0.1950 （−0.6500）	0.3130** （2.3600）	0.0350 （0.9700）	0.2410** （2.1700）
Age	−0.0160 （−0.1800）	−0.0080 （−0.3700）	−0.0070 （−0.1100）	−0.0190 （−0.9700）	−0.0010 （−0.3000）	−0.0140 （−0.9100）
Ast	0.8870** （2.4400）	0.2980*** （2.6500）	0.5620** （2.2100）	0.3820*** （4.0100）	0.1340*** （5.4600）	0.2590*** （3.2900）
Lev	−1.0180 （−0.6200）	0.1340 （0.2000）	−0.7510 （−0.6400）	1.1630*** （2.9900）	0.1340 （1.2400）	1.0930*** （3.3300）
ROA	2.7440 （0.7200）	−1.1150 （−0.6600）	0.7110 （0.2600）	0.5050 （0.5700）	0.0560 （0.2200）	0.6080 （0.8100）
Cap	−0.1830 （−0.8800）	−0.0900 （−1.1600）	−0.2720* （−1.8400）	−0.1020** （−2.0000）	0.0020 （0.1500）	−0.1030** （−2.4100）
TQ	−0.0410 （−0.2700）	0.0430 （0.5800）	−0.0460 （−0.4200）	−0.0290 （−0.6500）	0.0010 （0.1100）	−0.0440 （−1.1500）
Pop	0.0600 （0.2400）	0.1670 （1.3200）	−0.1240 （−0.6800）	0.0490 （0.6200）	−0.0110 （−0.4800）	0.0640 （0.9500）
GDP	0.1370 （0.4500）	−0.1070 （−0.7100）	0.1880 （0.8600）	0.0420 （0.4400）	−0.0060 （−0.2000）	0.0720 （0.8800）
FDI	0.0730 （0.5100）	−0.0450 （−0.6300）	0.0930 （0.8900）	−0.0260 （−0.5600）	0.0030 （0.2600）	−0.0360 （−0.9200）
Sed	1.5910* （1.6900）	0.4520 （0.9700）	0.4950 （0.7300）	0.0050 （0.0200）	0.1440* （1.7800）	−0.1640 （−0.7000）

	国有企业			非国有企业		
	（1）	（2）	（3）	（4）	（5）	（6）
	GrePatn	GreInv	GreUti	GrePatn	GreInv	GreUti
Uni	-0.1160 (-0.7600)	0.0110 (0.1500)	-0.0820 (-0.7500)	-0.0200 (-0.4500)	-0.0100 (-0.7300)	-0.0170 (-0.4400)
SO_2	-0.2780* (-1.8700)	-0.1370* (-1.8600)	-0.0550 (-0.5100)	-0.0270 (-0.6300)	-0.0230* (-1.8200)	-0.0030 (-0.0900)
Constant	-23.5990** (-2.1800)	-7.2090* (-1.7000)	-11.9820 (-1.5700)	-7.8990*** (-2.7300)	-2.8130*** (-3.4800)	-5.5060** (-2.2500)
N	415	415	415	3253	3253	3253
Ind/Pro/Year	√					

（三）城市行政级别

高行政等级城市通常社会经济发展水平更高，绿色技术创新的基础环境与资源禀赋较为优良。然而，由于原有技术创新氛围较好，创文建设对此类城市的绿色技术创新促进作用很可能并不明显。对此，将正副省级城市与国务院批准的"较大的市"分类为高行政级别城市（刘哲和刘传明，2021），其余城市则作为普通城市，以此进行分组检验，结果列示于表12-9。列（1）至列（3）为高行政级别城市检验结果，Civil系数与因变量均未显著相关。列（4）至列（6）为普通城市检验结果，Civil系数与GrePatn、GreUti均在5%水平下显著正相关。上述结果表明，创文建设对普通城市企业绿色技术创新的促进作用更为显著。

较为意外的是，创文建设未能显著促进高行政级别城市中的企业绿色技术创新，其原因可能在于：一方面，高行政级别城市通常具备较好的环境状况与技术水平，创文建设考核标准相对容易达标，致使政策激励与考核督促未能对其绿色技术创新形成促进作用；另一方面，由于地方政府在创文建设中发挥主导作用，而高行政级别城市中的政府干预与政策执行力程度更高，致使政府对企业生产经营的行政干预更为强烈，其中的形式主义作风很可能抑制企业技术创新。事实上，高运行效率、低制度成本的城市在创文建设中很可能被迫与其他城市一样采取集中型"运动式治理"（周志鹏和文乐，2019），其城市治理模式优势难以体现，这将促使政府进一步反思创文建设的评选设置与政策成效。

表 12-9　　　　　　　　城市行政级别分组检验

	高行政级别城市			普通城市		
	（1）	（2）	（3）	（4）	（5）	（6）
	GrePatn	GreInv	GreUti	GrePatn	GreInv	GreUti
Civil	−0.0280 (−0.0800)	0.0330 (0.2800)	−0.1450 (−0.5300)	0.3080** (2.4100)	0.0160 (0.4300)	0.2500** (2.2900)
Age	−0.0350 (−0.5300)	0.0020 (0.0900)	−0.0420 (−0.7900)	−0.0070 (−0.3500)	0.0010 (0.3100)	−0.0060 (−0.3500)
Ast	−0.0940 (−0.4400)	0.2340*** (3.6700)	−0.2450 (−1.4200)	0.5440*** (5.5900)	0.1490*** (5.7400)	0.4250*** (5.2100)
Lev	4.2400*** (4.2700)	0.7230** (2.2300)	2.5230*** (3.0900)	0.6890* (1.7700)	0.0780 (0.6800)	0.7350** (2.2000)
ROA	2.3310 (1.0400)	0.4680 (0.6100)	1.0230 (0.5500)	0.1530 (0.1700)	−0.0480 (−0.1800)	0.4280 (0.5500)
Cap	−0.2130* (−1.7800)	0.0030 (0.0800)	−0.1560 (−1.5900)	−0.0720 (−1.3700)	0.0050 (0.3700)	−0.0900** (−2.0000)
TQ	0.0250 (0.2300)	0.0460 (1.1700)	−0.0350 (−0.3800)	−0.0720 (−1.6100)	−0.0290** (−2.0800)	−0.0450 (−1.1600)
Pop	−0.0420 (−0.2300)	−0.1210* (−1.8500)	0.1310 (0.8700)	0.0320 (0.4100)	0.0090 (0.3400)	0.0160 (0.2300)
GDP	−0.2280 (−1.0200)	−0.0900 (−1.1200)	−0.0070 (−0.0400)	0.0720 (0.7500)	−0.0200 (−0.6400)	0.0860 (1.0200)
FDI	0.0800 (0.7600)	0.0600 (1.5900)	−0.0210 (−0.2500)	−0.0350 (−0.7700)	−0.0050 (−0.3200)	−0.0310 (−0.7800)
Sed	−0.1320 (−0.2200)	0.3330 (1.5100)	−0.3850 (−0.7600)	−0.1940 (−0.7100)	0.0190 (0.2200)	−0.1990 (−0.8300)

续表

	高行政级别城市			普通城市		
	（1）	（2）	（3）	（4）	（5）	（6）
	GrePatn	GreInv	GreUti	GrePatn	GreInv	GreUti
Uni	−0.1400 （−1.3500）	−0.0410 （−1.1100）	−0.1050 （−1.2100）	−0.0150 （−0.3300）	−0.0040 （−0.3000）	−0.0070 （−0.1900）
SO_2	−0.1200 （−1.2400）	−0.0640* （−1.8300）	−0.0550 （−0.6800）	0.0450 （1.0600）	−0.0040 （−0.2600）	0.0440 （1.2000）
Constant	6.4110 （0.9700）	−3.3430 （−1.5100）	6.1650 （1.1300）	−11.0360*** （−3.7200）	−3.0780*** （−3.5300）	−8.4070*** （−3.3000）
N	875	875	875	2502	2502	2502
Ind/Pro/ Year	√					

第五节　结论与研究启示

本章基于第三届至第五届全国文明城市评选这一准自然实验，采用2008—2018年沪深两市A股上市公司面板数据和企业绿色专利授权数据，运用PSM-DID研究方法从微观层面考察创文建设对绿色技术创新的影响效应。研究结果表明：①创文建设对获评城市企业的绿色技术创新具有显著促进作用，且主要体现于绿色实用新型专利领域，在绿色发明专利方面则未产生显著促进作用；②较之于轻污染行业企业、国有企业和高行政级别城市中的企业，创文建设对企业绿色技术创新的促进作用在重污染行业企业、非国有企业和普通城市的企业中更为明显。

本章的现实意义与政策启示在于：

第一，完善全国文明城市评选测评体系，新增绿色技术创新考核指标，增强创文建设对高质量企业绿色技术创新的驱动作用。本章研究结果表明，尽管创文建设能够在一定程度上促进企业绿色技术创新，但对于内含创新质量较高的绿色发明专利则未呈现明显推动作用。鉴于创文建设对地方政府行为具有导向作用，在未来评比中应强化测评体系中的城市环境治理技术水平、绿色生产技术水平等衡量指标，促进全国文明城市评选与环境规制形成更为有力的政策互动，增强企业实施绿色技术创新的主动意愿，减少低效率的环境领域粗放式投资，从而更好地发挥其绿色技术创新促进效应。

第二，采用因地制宜的多元化手段推进创文建设。目前创文建设的绿色技术创新促进作用在各类企业主体间表现出明显差异分化，这将指引地方政府在创评中采取灵活多样的方式，比如对重污染企业环境治理与技术研发支出予以补贴，减轻由突击评选所引发的遵规成本骤增；比如，在发挥国有企业带动效应的同时，以政策激励民营企业积极开展绿色技术创新。

此外，应警惕创文建设中的形式主义作风与"锦标赛"现象。本章研究结果表明，创文建设未能促进高行政级别城市中的企业绿色技术创新，这很可能是源于此类城市中的高行政干预与集中型"运动式治理"。地方政府管理者在晋升激励下，有动机以最低成本在短期内实现创评目标，而忽视对企业绿色技术创新具有重要意义的长期环境的营造。对此，可考虑将全国文明城市的后续建设情况纳入地方党政领导长效考核机制，如有"摘牌"现象，即便相应政府管理者已晋迁也仍须追责。

第十三章

选择性环境规制的矫正：基于环保垂直管理试点改革的案例分析

第一节　引言

在环境保护政策不断落实、污染治理持续推进的发展战略下，环境规制的执行效率成为生态文明建设的重要影响因素。在环境政策执行过程中，中央统一制定的环境保护政策与地方政府组织实施的体制，在一定程度上存在不同地方政府间的代理问题，可能产生政策执行力不足问题（盛丹和张国峰，2019；贺东航等，2019）。在"保增长"和"减排放"的双重压力下，地方政府往往采取机会主义行为，对环境违法行为进行选择性执法，最终导致生态环境的整体恶化。环境规制的有效实施有赖于中央政府的治理意愿，更取决于地方政府和环保部门基于政治和经济利益的考量（Tilt，2007）。在现行环境治理架构中，负责日常性环境规制管理事务的各地环保部门，接受上级环保部门和同级政府的"双重领导"。

选择性环境规制有其独特的内在逻辑。首先，地方政府主要领导有动机选择性地执行环境政策。执行严格的环境标准会影响辖区企业的生产经营活动，不利于 GDP 和财政收入增长。因此，地方政府管理者通常不会全面贯彻中央环境治理意愿，而是有选择地执行相关环境政策（梁平汉和高楠，2014）。在激励相容机制缺失的情况下，地方政府会放松对污染产业的规制（聂辉华和张雨潇，2015）。其次，地方环保部门有动机采取选择性环境规制行为。作为环境政策的具体执行机构，地方环保部门需要兼顾"双重领导"者的目标函数（Zheng and Kahn，2013）。不少情况下，此类目标往往相互冲突且难以协调（周黎安，2007；李胜兰等，2014）。因此，地方环保部门通常会采取一定的策略性行为，既不妨害地方政府 GDP 目标，又能够积极改善环境质量而凸显部门政绩。

"制度的生命力在于执行，督企必先督政。"为提高环保政策执行效率，我国政府逐步实施地方环保机构垂直管理改革，其作用在于加强环境保护顶层设计，将环保压力层层传导至基层，有效落实地方政府的环境保护责任（陈海嵩，2018）。因此，探究地方环保机构垂直管理改革可能产生的作用，分析改革后地方政府环境规制行为的变化，以及改革试点地区环境监管的初步成效，对于后续全面深化地方环保机构垂直管理改革，确保改革有效实施具有一定的理论价值。基于上述思路，本章从理论上分析环保垂直管理对选择性环境规制的影响和作用，并以试点地区山东省为样本，收集该省在 2017 年试点改革后的监管力度、环境指标、财务支出与组织机构等数据，采用对比分析法进行深入探究。

第二节　试点改革工作发展进程

一　改革实施进展

2016 年，《关于省以下环保机构监测监察执法垂直管理制度改革试点工作的指导意见》（以下简称《意见》）正式印发。12 个省（市）提出改革试点申请，成为垂直管理改革的试点地区。本书通过搜索各省份生态环境保护厅（局）官网、查阅相关资料，收集了自2016 年 9 月《意见》出台以来各省份的改革进展情况（详见表 13-1）：2016 年重庆和河北 2 地发布、2017 年山东等 5 地发布、2018 年上海等3地发布、2019年北京等12地发布，截至2019年4月共有22地已公开发布《环保机构监测监察执法垂直管理制度改革实施方案》。天津、广东等地虽未公开发布改革实施方案，但也已着手实施改革，这表明全国各省份均已参与"垂改"工作。

表 13-1　环保垂直管理与选择性环境规制的改革实施进展

时间	进展
2016 年 9 月	中共中央办公厅、国务院办公厅印发《意见》
2016 年 11—12 月	重庆、河北发布《环保机构监测监察执法垂直管理制度改革实施方案》
2017 年	江苏、山东、江西、湖北、福建发布《环保机构监测监察执法垂直管理制度改革实施方案》
2018 年	上海、陕西、广西发布《环保机构监测监察执法垂直管理制度改革实施方案》
2019 年 1—4 月	北京、内蒙古、河南、云南、四川、黑龙江、山西、辽宁、湖南、海南、吉林、浙江发布《环保机构监测监察执法垂直管理制度改革实施方案》

二　改革实施进展

各地区在大方向遵循《意见》的前提下，也结合各地生态环境的实际情况，因地制宜设计方案实施改革。如表 13-2 所示，各地在《意见》所强调的强化督政、监测上收、执法下沉三部分中存在地区差异。此外，山东、福建、湖北等地还着重关注跨区域跨流域生态环境管理问题的解决。

表 13-2　环保垂直管理与选择性环境规制的改革地区特色

改革内容	措施
强化督政	山东、上海、北京等大部分地区建立健全生态环境监察体系，河南、内蒙古等少部分地区建立健全生态环保督察体系
监测上收	北京、河北等地县级环境监测机构还承担区域污染源监督性监测和突发生态环境事件应急监测两种职能
执法下沉	北京建立了跨越两级的综合执法支队，河南、黑龙江等地区针对环境执法专门印发文件
其他	山东、福建等地建立流域环境监察和行政执法机构，湖北等地设置了区域流域环境监测机构

三　山东省改革现状

山东省既是首批改革试点地区，也是大气、土壤污染问题重点省份，因此选取山东省作为研究改革成效的对象。本书通过搜索山东省生态环境厅官网信息，查阅相关资料，收集整理了山东省环保机构垂直管理改革的实施现状。由表13-3可知，截至2020年1月23日，山东省已基本完成环保机构垂直管理改革试点工作。回顾改革进程，2016年山东省开展了试点申请；2017年开始制订改革计划，印发了改革实施方案和改革总体工作方案；2018年方案落地，印发了省环保厅人员调整相关规定；2019年细化实施方案，完成省生态环境保护督察办公室和6个区域生态环境保护督察办公室的组建工作；2020年基本完成改革工作。

表 13-3　　　　　　　　　　**山东省改革实施进展**

时间	进展
2016 年 5 月	山东省委、省政府报送垂直管理制度改革的试点申请
2017 年 9 月 14 日	山东省政府办公厅、山东省委办公厅印发《山东省环保机构监测监察执法垂直管理制度改革实施方案》
2017 年 12 月	山东省政府办公厅印发实施《山东省环保机构监测监察执法垂直管理制度改革总体工作方案》
2018 年 1 月	山东省人民政府办公厅印发《山东省环境保护厅主要职责内设机构和人员编制规定》，对省环保厅"三定"规定进行了修改完善
2019 年 6 月 27 日	山东省生态环境保护督察办公室和6个区域生态环境保护督察办公室全部组建完成
2020 年 1 月 23 日	山东省已基本完成省以下生态环境机构垂管改革，全省16个市均完成县级分局挂牌、印章启用等工作

第三节　环保垂直管理改革影响选择性
环境规制行为的理论分析

一　选择性环境规制概念的提出

环保机构垂直管理改革前，地方政府的污染治理压力较弱，因此地方政府通常将经济发展置于决策考量因素的首位，对兼顾经济发展与环境治理的意愿不足。同时，地方政府又必须采取一定措施以实现中央制定的环境污染治理目标，规避环保事故带来的政治问责风险。因此，本书认为地方政府会采取机会主义行为，对环境违法行为实施选择性环境规制。

选择性环境规制即对待不同类型的投资者采取差异化环境规制策略，具体表现为：对于尚未投资的外商企业，为增强自身吸引力，在竞争中脱颖而出，选择采取宽松的环境规制策略；对于迁移成本较高的本地企业，为实现环境污染治理目标，采取严格的环境规制策略，其理论框架如图 13-1 所示。

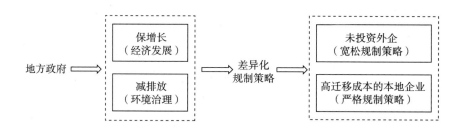

图 13-1　环保垂直管理与选择性环境规制框架

选择性环境规制策略本质上是经济发展与污染治理相互权衡的结果，其最终目的是实现地方政府自身利益的最大化。地方政府通常认为招商引资能够迅速加快地区经济发展，故而值得为此放松环境监管，采取宽松的环境规制策略；而对于迁移成本较高的本地企业，高迁移成本的特点决定其无法对一定范围内环境规制强度的变化做出灵活反应（He，2006），在实施严格环境规制策略以弥补宽松环境规制引发的环境污染问题的过程中，该类企业无疑成为最佳政策施行对象。

二　环保垂直管理改革影响地方政府的组织机构

地方政府主要通过篡改、伪造原始监测数据等手段，使上级环保机构无法了解实际环境状况，便于其实施选择性环境规制策略。因此，环保垂直管理改革通过组织机构层面调整，上收环境监测监察职能，有效切断了地方政府实施选择性环境规制的手段。在过去，地方环保机构人事任免、工资、工作经费等均由当地政府决定，上级主管部门只负责对下级部门进行业务指导。在这一制度背景下，我国重大环境污染事件频发，环境问题引发的群体性事件层出不穷。以环境为代价的短视发展行为已经逐渐成为拖累经济发展的一大隐患，21世纪以来，环境污染的成本接近GDP的10%。张鹏等（2017）更是指出，在扣除资源能源消耗与环境污染成本之后，部分省份的GDP增长几乎为零，甚至为负。因此，《意见》要求进一步强化环境监察体制建设，并在试点区域将县市两层级环保部门的监测与监察职能收于上级省级部门，其目的在于通过省级环保部门直接管理区域环境数据监察测量，获取真实的一手数据，从而避免以往被地方政府虚假监测数据蒙蔽或在发现污染问题后被地方政府"大事化小、小事化了"的尴尬状况。

三　环保垂直管理改革影响地方政府的环保财政资金

地方政府决定同级环保机构预算资金的机制，使过去地方政府可以直接控制环保机构的行为。而环保垂直管理改革，从环保财政资金层面调整环保部门工作经费来源渠道，减少地方政府的干预，能够显著降低地方政府实施选择性环境规制的能力。过去环保资金受制于人，一旦环保监测检查和执法工作阻碍了经济发展，地方政府往往以经济发展之名行干预之实，通过预算管理手段（如缩减部门预算）直接施压，严重阻碍环保机构职能的发挥，造成规制失灵。此次改革以人财物保障为突破口，将环保部门与驻市（地）相关环境监测机构的人财物权管理均上收至省级环保部门，县级相关机构的人财物管理则收至于市级层面，从而真正在环境治理中摆脱地方政府干预，实现我国环境监管体制中对地方环保机构实行垂直管理的改革主旨。

四　环保垂直管理改革影响地方政府的领导干部环境责任审计

领导干部环境责任不明确、环境指标口径不一致以及环境数据真实性难以确定等问题的存在，严重影响着领导干部环境责任审计的效率，阻碍了地方政府管理者环境政绩考核的发展。而环保垂直管理改革进一步明确政府管理者环保责任、保障环保监测数据的可靠性、创造统一环境指标的条件，有效地提高了领导干部环境责任审计的效率。首先，政府管理者环境责任的明确是环境责任审计开展的基础。改革明确环保主要责任的对象是具有决断权的党委和政府主要领导，并要求建立和实施领导干部违规违法责任追究制，使领导干部环境责任审计有据可循。有效地解决了过去权责不清晰、不明确所导致的政出多头和责任真空问题，为后续监督检查和责任人的追究打下了扎实基础（谭溪，2018）。其次，环境数据的统一性和真实性是影响审计效率的关键因素，改革后省环保部门统一领导地方环保监测机构，既能够保证各地区监测数据的真实可靠，又为今后统一各地区环境指标创造了条件。

第四节　环保垂直管理改革影响选择性环境规制的数据分析

山东省作为环境监测监察执法垂直管理改革的七大试点之一，其改革前后的环境监管力度、环境指标、财政支出和组织结构的变化反映了垂直管理改革对于减少地方政府干预、增大地方政府管理者治污压力、加强区域环境治理成效的作用。

一　环保监管力度分析

表13-4列示了山东省2014—2018年环境案件处罚情况，由表13-4可知，2014—2016年山东省环境保护部门实施处罚环境违法案件数和罚款总金额始终处于稳步上升趋势。然而2017年案件数和罚款金额骤增，全省共办理环境违法案件数44917件，同比增长404.40%，罚款金额达14.8亿元，同比增长150.85%。2017年恰好是山东省实行省以下环保机构监察执法垂直管理改革试点的改革年，由此可见，改革确实提高了环境治理力度，加强了区域环境治理成效，同时也侧面反映出地方政府的治污压力已经增强，被迫改变以往不作为或少作为的态度，对地区环境污染违规企业进行大刀阔斧的整治。

表 13-4　　　　　　2014—2018 年山东省环保案件处罚情况

年份	2014	2015	2016	2017	2018
环境违法案件数（件）	5769	6936	8905	44917	18591
罚款总金额（亿元）	1.8	3.4	5.9	14.8	11.4
平均案件罚款数（万/件）	3.2	4.8	6.6	3.3	6.1

此外，2018 年环境违法案件数和罚款总金额有所下降，可能是经过 2017 年的大力度管制，企业日益重视排污问题，环境违法违规行为减少。然而，平均案件罚款数却大幅度增加，表明在违法案件减少的情况下，山东省进一步加大了违法案件惩治力度。上述分析可得，山东省环境监管整体向好趋势发展，垂直管理改革成效初步凸显。

由表 13-5、表 13-6 可知，2017 年以前山东省处罚的环境违法案件数增长率与全国增长率基本持平，罚款增长率略高于全国水平。然而，山东省在 2017 年实施环境监测监察执法垂直管理改革后，无论是违法案件数还是罚款增长率均显著高于同期全国增长率。虽然在 2018 年山东省环境违法案件数和罚款增长趋势有所减弱甚至倒退，但是综合 2017—2018 年数据分析，山东省环境违法案件数与罚款金额增长势头高于全国水平，表明垂直管理改革后，巨大的环境治理压力迫使地方政府不再不作为或少作为，区域环境监管力度增强，改革成效初步凸显。

表 13-5　　　　2014—2018 年山东省与全国环境违法增长率　　　单位：%

地区 \ 年份	2015	2016	2017	2018
山东	20.23	28.39	404.40	-58.61
全国	16.87	27.84	87.90	-20.17

表 13-6　　　　2014—2018 年山东省与全国罚款增长率　　　单位：%

地区 \ 年份	2015	2016	2017	2018
山东	82.61	75.60	150.85	-23.04
全国	34.07	56.00	74.66	31.95

二 环境指标分析

表 13-7 至表 13-10 列示了山东省环保垂直管理改革前后城市空气环境、地表水环境、生活垃圾处理状况和主要污染物排放状况。从空气环境分析，2015—2018 年山东省主要空气污染物浓度逐年下降，每年下降数量基本保持不变，然而由于总体基数下降，2017 年和 2018 年相较之前下降比例更加明显。如二氧化硫平均浓度降低比例 2016 年为 22.22%，2017 年增长为 31.43%，上升了 9 个百分点，2018 年保持向优势头，较 2017 年降低比例为 33.33%。表明山东省环保垂直管理改革后，在保持空气质量逐年优化情况下，部分指标改善势头更加明显。

表 13-7　　　　　2015—2018 年山东省城市空气环境　　　　单位：μg/m³

空气环境指标 ＼ 年份	2015	2016	2017	2018
PM2.5 平均浓度	76	66	57	49
PM10 平均浓度	131	120	106	97
二氧化硫平均浓度	45	35	24	16
二氧化氮平均浓度	41	38	37	36

表 13-8　　　　　2015—2018 年山东省地表水环境　　　　单位：%

水环境质量等级 ＼ 年份	2015	2016	2017	2018
优良（达到或优于Ⅲ类）	49.20	50.50	43.30	46.30
Ⅳ类	16.90	18.90	26.90	28.70
Ⅴ类	25.80	21.60	23.10	18.40
劣Ⅴ类	8.10	9.00	6.70	6.60

从地表水环境分析，2017 年、2018 年劣Ⅴ类水比例下降明显。此外，2017 年、2018 年优良等级比例较前两年稍有下降，这可能与 2017 年后山东省控及以上地表水监测断面由 134 个增长为 138 个有关。表明山东省垂直管理改革后，水环境有所改善，尤其是Ⅴ、劣Ⅴ

级别地表水比例明显减少。

表 13-9　　　　2015—2018 年山东省生活垃圾处理状况

指标 ＼ 年份	2015	2016	2017	2018
生活垃圾清运量（万吨）	1377.5	1466.3	1591.3	1700.8
无害化处理厂数（座）	62	66	83	88
生活垃圾无害化处理能力（吨/日）	37648	42484	50185	57515
生活垃圾无害化处理量（万吨）	1377.5	1466.3	1591.3	1700.8

从生活垃圾处理分析，2017 年山东省垃圾处理能力得到快速提升。生活垃圾清运量、无害化处理厂数、无害化处理能力和无害化处理量同比增长 8.52%、25.76%、18.13% 和 8.52%。2018 年仍保持提高趋势，但增长幅度有所下降。表明山东省垂直管理改革后，山东省垃圾处理能力显著增强。

表 13-10　　　　2014—2018 年山东省污染物排放状况　　　　单位：万吨

污染物 ＼ 年份	2014	2015	2016	2017	2018
化学需氧量（CDO）	178.00	175.76	53.10	165.48	160.72
氨氮	15.50	15.26	7.80	14.13	13.69
二氧化硫	159.00	152.57	113.50	131.87	122.17
氮氧化物	159.30	142.39	122.90	124.09	115.79

从污染物排放分析，由表 13-10 可知，2016 年山东省污染物排放量非正常下降且未稳定保持，参考价值较弱，因此本章下述分析不包含 2016 年数据。2018 年山东省污染物排放量整体下降比例大于2015 年，如二氧化硫排放量 2015 年同比下降 4.04%，2018 年同比下降 7.36%。表明山东省垂直管理改革后，污染物排放量下降趋势越发明显。空气、水、生活垃圾处理和污染物排放从宏观环境角度反映了环保垂直管理改革成效初步显现。

三　财政支出分析

表 13-11 中环保支出数据来源于山东省财政决算报告，包含政府对社会环保项目投资与环保部门行政开支两部分。从趋势分析，2014—2016 年山东省财政节能环保支出逐年增加，但增幅渐缓，2017 年甚至出现同比减少。然而在 2018 年 1 月对省环保厅"三定"规定进行修改完善后，2018 年节能环保支出再次出现大幅度增加，同比增长 22.38%。上述数据变化趋势从政府环保支出角度反映了环保垂直管理改革成效初步凸显。

表 13-11　　　　　2014—2018 年山东省财政环保支出金额　　　单位：亿元

年份	2014	2015	2016	2017	2018
节能环保支出	167.06	216.92	239.37	236.52	289.45

四　组织结构变化分析

山东省大方向上依照《意见》对环保部门组织结构进行调整，同时具体落实中又有所创新和细化，主要体现为扩大省环境保护厅的职责，建立统一的环境治理监察体系。2018 年 1 月，《山东省环境保护厅主要职责内设机构和人员编制规定》为山东省环境保护厅新增三项职能。其一，统一行使市、县（市、区）环保部门的环境监察职能。具体表现为，将新设立省环境监察办公室以及六个区域环境监察办公室，其中后者主要负责所辖区域政策落实情况和地方政府环境责任履行情况监察。其二，全权负责省内生态环境质量监测与考评工作，具体表现为将省内现有环境监测站变更为省环保厅驻市环境监测机构。其三，会同设区的市党委、政府对市环保局实行管理。具体变化为，山东省环境保护厅对设区市环保局的管理权限上由"协管"升级为"主管"。上述三项具体变化反映垂直管理改革后，省环保厅将掌握所辖区域环境保护的主动权，区域地方政府影响将显著弱化。

五　领导干部环境责任审计情况分析

山东省领导干部责任审计主要包括下述两方面：领导干部自然资源离任（任中）审计，以及自然资源及环境污染专项审计。本书通过搜索山东省审计厅、山东省统计局以及山东省生态环境厅官网，查阅相关资料，收集整理了山东省领导干部自然资源离任（任中）审计情况（见表 13-12）。从审计领导干部总人数上分析，2016—2018 年山东省自然资源离任审计总人数呈逐年上升趋势，从 2016 年的 64 人增长至 2018 年的 221 人。从审计覆盖范围分析，2016 年还仅覆盖 16 县，至 2018 年就已经覆盖 5 市 15 县，领导干部自然资源资产离任审计工作得以全面开展。

表 13-12　　　2016—2018 年山东省干部自然资源离任审计

年份 项目	2016	2017	2018
审计区域（市）	0	1	5
审计区域（县）	16	15	15
审计领导干部总人数	64	105	221

表 13-13 的自然资源和环境污染专项审计情况则主要摘自 2016—2018 年各年度《山东省级预算执行和其他财政收支的审计工作报告》。山东省每年根据省环境污染情况展开一到两项专项审计，明确环境治理具体问题，并要求地方领导干部进行整治。从 2016 年的采煤塌陷地综合治理绩效审计，到 2017 年的水环境保护和污染防治审计以及京津冀大气污染传输通道城市煤炭压减情况审计，再到 2018 年的自然保护区建设管理审计，审计的范围和内容逐步细化深入，尤其是 2018 年还专门针对问题印发了《山东省自然保护区问题整治工作方案》。领导干部自然资源审计和环境治理专项审计的变化反映了随着垂直管理改革的持续推进，领导干部自然资源审计也在不断深入，两者相辅相成。

表 13-13　　　2016—2018 年山东省自然资源和环境污染审计

年份	专项审计
2016	组织对 9 个市 19 个县采煤塌陷地综合治理绩效情况开展专项审计调查，发现四大问题

续表

年份	专项审计
2017	组织对 15 个市及所属 68 个县进行了水环境保护和污染防治情况审计，发现两大主要问题；组织对部分省直部门单位、7 个市和 14 个县进行了京津冀大气污染传输通道城市煤炭压减情况审计，发现两大问题
2018	组织对 8 个市 44 个自然保护区建设管理情况进行了自然保护区建设管理审计，发现四大问题，针对问题，省政府办公厅印发了《山东省自然保护区问题整治工作方案》

第五节　结论与研究启示

本章通过明晰选择性环境规制的概念并进行理论分析，认为选择性环境规制行为会对地区环境保护造成负面影响，导致辖区环境恶化。而 2016 年开始试点推行的地方环保机构垂直管理改革从组织机构、环保财政资金、环境责任审计三个层面对地方政府的选择性环境规制行为产生抑制作用。在理论分析的基础上，本章以山东省为样本的数据分析也进一步印证了改革对选择性环境规制行为的抑制作用。从山东省改革前后环境执法案件数和罚款金额的横向纵向对比、宏观环境状况分析、财政节能环保支出分析、组织结构变化分析以及领导干部环境责任审计分析可知：垂直管理改革后，面对巨大的环境治理压力，地方政府不再不作为或少作为，区域环境监管力度明显增强，改革成效初步凸显。

基于上述研究与分析，并结合我国环境规制的现状，本章提出以下建议：

第一，环保机构垂直管理和自然资源离任审计目前均处于深化改革阶段，两者能够加强地方政府管理者环境责任，与建设美丽中国的目标相一致。因此，可在改革过程中重点关注两者的相互促进作用，相辅相成、实现"双赢"。例如，垂直管理改革能够有效提高审计效率，为自然资源离任审计创造条件。

　　第二，巩固环保机构垂直管理改革初步成效，做好持久战准备。地方环保机构垂直管理改革将生态环境质量状况作为党政领导班子考核评价的重要内容，使生态环境质量在中国政府管理者的考核与选拔标准中占有一席之地。然而，环境评价指标对于政府尤其是地方政府而言，尚未有别于传统考核指标的新考核形式。黄溶冰等（2019）的研究指出，在无可借鉴参考经验的情形下，面临不确定环境的地方政府管理者很可能产生思维惯性依赖，即在决策中仍依循传统以 GDP 为考核晋升机制核心的价值判断，致使 GDP 竞赛现象继续存在。

　　第三，后续环保政策要注重增强环境绩效与政府管理者利益的紧密度。环境污染问题的治理道阻且长，地方政府管理者以经济发展为首的行为决策方式是长久以来中国财政分权的政治体制和唯 GDP 论的政府管理者晋升制度共同作用的结果。只有将政府管理者自身利益与环境保护紧密相连，逐步改变地方政府管理者的发展观念，才能从根本上解决现有环保政策目标无法有效实现的问题，跨越政策制定与执行两者间的鸿沟。

　　第四，采用行政强制与经济引导相结合，提高环境规制手段的多元化。我国环境规制多采用行政强制手段，即中央颁布环境政策要求地方政府实施执行。然而，行政手段存在其固有弊端，污染治理与经济增长之间的矛盾始终存在，地方政府难以完全追求环境绩效而忽略经济发展。经济引导手段则可以较好地弥补这一弊端，如 2007 年实施的绿色信贷政策，通过充分发挥银行金融主体的作用，既提高企业环境治理的自主能动性，又促进环保友好型企业的综合发展，实现了经济稳定增长与环境有效治理的"双赢"格局。

第十四章

研究结论与展望

第一节 研究结论与启示

一 研究结论

本书对政企互动与央—地关系视角下的选择性环境规制行为的内在逻辑、运行机制、宏微观效应等关键问题展开全面讨论，从形成机理与表现形式两个不同角度阐述其存在的理论依据与现实后果。本书分为十个主题展开研究：环境规制、企业金融化及其制度逻辑；环境规制、绿色信贷与环保效应；绿色信贷政策与"两高"企业权益资本成本；环境规制、经济政策与环保投资；环境规制、董事会独立性与碳信息披露；环境规制、董事会秘书特征与环境信息披露；环境规制、行业异质性与内部人减持；环境规制、碳排放权交易与财务绩效；环境规制、文明城市创评与企业绿色创新；选择性环境规制与环保垂直管理。

本书主要研究结论如下：

在选择性环境规制的经济后果方面，本书着重关注政企互动和央—地关系视角下的环境规制执行机制，并进一步考察微观主体应对选择性环境规制的行为策略及相关经济后果。本书研究发现：①环境规制强度将正向强化企业金融化水平与内部人减持规模，且污染行业企业所受影响更为突出，而这将限制企业实体领域发展，进而影响区

224

域经济增长；②进一步将企业环境信息披露与公司治理等因素纳入考察，发现董事会秘书任期与企业环境信息披露质量呈正相关关系，且财务绩效能够负向调节两者关系；董事会秘书国际化经历有助于企业披露高质量环境信息，且财务绩效具有负向调节作用；在考虑盈余之后，现金收益会负向调节董事会秘书任期及其国际化背景与企业环境信息披露质量之间的关系；③在适当环境规制强度下，企业为降低环境惩处成本会提高企业碳信息披露质量，而董事会独立性对两者关系具有显著的正向调节作用。企业环境信息披露可视为企业对待环境治理的一种态度。因此，强度适宜的环境规制可在一定程度上激发企业保护环境的积极态度，从而推动地方对环境污染的治理和改善。本书研究成果将为我国环境问题治理及环境政策制定提供理论支撑与经验证据，为引导市场主体绿色创新进步、实现经济稳定增长与环境有效治理的"双赢"提供实践启示。

在选择性环境规制的政策执行效果方面，鉴于环境问题治理的复杂性、综合性与专业技术性，环境规制如何依据各地环境问题特征而实现"因地制宜"治理，以应对环境治理的构建性、价值性等需求，是环境规制革新中的一项重要议题。这便需要中央政府加强顶层环境法制设计，提高环境立法质量，完善我国生态环境法律体系建设。同时，这也需要地方政府依据当地产业技术特征确定适宜的环境规制强度与执行手段。本书研究发现：①我国正不断发展市场型环境政策等多元化的环境规制工具以弥补命令—控制型环境规制的缺陷。在基于碳排放权市场交易政策的考察中，发现实施碳排放权交易能够有效提升企业价值与企业财务绩效，表明碳排放权交易政策能够对企业发展产生正向作用。且尽管碳排放权交易的实施尚不能促进我国企业增加研发投入，对企业投资收益的影响不显著，但确实提高了纳入交易体系企业的营业外收入水平。此外，创评全国文明城市对于企业绿色技术创新具有显著促进作用。②我国正积极探索运用经济手段深入推进生态环境保护工作，不断提高生态治理成效。实证研究发现，我国绿色信贷政策实施后，"两高"企业的新增银行借款明显减少且其权益资本成本增加，受政策冲击较大的城市二氧化硫排放量和工业废水排放量均显著下降，节能减排与污染治理成效明显。同时，污染程度更为严重的企业、非国有企业、东部地区企业、低发展压力地区的企业所受政策影响更为明显。整体而言，绿色信贷政策既有效治理了环境污染问题，又通过信贷优惠促进了企业健康发展。③基于经济政策不确定性视角，考察我国经济政策不确定性对企业环保投资的影响，发现经济政策不确定性升高会抑制企业的环保投资，且该抑制作用在投资机会好、成长性较高的重污染企业中表现得更为明显，而机构持股比例在其中并无明显调节作用。

在选择性环境规制的矫正机制方面，基于对我国环境规制体系架构展开的深入考察，发现通过调整地方政府与环境规制部门的权力架构、匡正地方政府竞争行为，避免地方环保部门为向地方政府目标妥协而导致规制低效、失灵现象，环境规制执行的独立性得到进一步保障。基于探究山东省改革环境绩效，剖析环保垂直管理对地方政府选择性环境规制行为的影响，发现将环保机构管理体制由过去的属地原则变更为垂直管理，将深远地影响地方政府的环境监管决策和区域环境污染治理。从组织机构、环保财政资金、领导干部环境责任审计三个层面深入分析，发现环保垂直管理对地方政府选择性环境规制行为产生了显著抑制作用。我国区域环保督察制度的变迁，通过拓宽环保监察机构职能架构范围，加强对地方政府的环境污染治理监察，深入贯彻落实环保垂直管理制度改革相关举措，从而更好协调环保部门与地方政府两者之间的关系。通过加强中央对地方环境治理的顶层设计和行政干预力度，改革地方政府考核体系，进一步增强地方政府环境治理的外部约束机制，以引导环境规制向完全执行方向推进，选择性环境规制问题将得到进一步改善。

二　启示与建议

针对选择性环境规制问题，我国近年来已逐步采取一系列措施，成效初现。例如，中央环保督察制度通过拓宽环保监察机构职能权限，加强对地方政府环境治理的监管，以更好协调地方政府与环保部门之间的关系，在一定程度上避免了地方环保部门为向地方政府目标妥协而导致规制低效、失灵现象；通过在传统命令—控制型环境规制手段中引入环境权益交易市场等替代措施，以提升环境规制治理成效，如碳交易、碳源碳汇交易、排污权交易、垃圾排放权交易、污染许可证交易、环境使用权交易、环保技术与产品设备交易等；通过采用行政强制与经济引导相结合的措施，引入环境保护约谈等柔性行政执法手段，增强环境规制手段的多元化设置，助力实现经济稳定增长与环境有效治理的"双赢"格局。

然而，我国选择性环境规制问题的改善与规制失灵现象的纠正，与我国的环境规制体系架构密切相关。其中最为典型的缺陷之一是独立性缺失，即环境规制显著受经济发展约束，地方环保部门行为则受制于地方政府。对于矫正选择性环境规制问题，本书认为，根本性的解决办法，或许仍在于重新调整地方政府与环境规制部门的权力架构，将后者从前者的掌控中分离出去，方能避免地方环保部门为向地方政府目标妥协而导致规制低效、失灵现象。通过推进落实环保垂直管理制度改革、自然资源离任审计、将环境绩效纳入政府管理者考评体系等措施，加强中央对地方环境治理的顶层设计和行政干预力度，地方政府环境治理的外部约束机制将进一步增强，从而引导环境规制向完全执行方向推进。

为有效解决我国环境污染问题，优化地方政府环境规制决策，本书提出以下建议，以期为我国环境问题治理提供决策依据，为环境政策制定和执行提供参考，为地区环境绩效考核提供指引，为推进我国经济可持续发展提供方向。

第一，针对地方环保部门面对环境违法行为往往采取选择性环境规制导致目标难以实现的现状，建议在环境治理过程中，不仅要重视环境保护法律体系和相关政策的制定，更要加强各地区环境政策落实与执行情况的监督，建立完善环境绩效考评机制，增加环境绩效指标在政府管理者考核体系中的占比，使地方政府在发展经济的同时更愿意关注环境质量。地方环保机构垂直管理改革后，地方政府所面临的环境治理压力骤增，因而不再不作为或少作为，区域环境监管力度明显增强，改革成效初步凸显。鉴于此，建议巩固环保机构垂直管理改革初步成效，做好持久战准备。后续环保政策应注重增强环境绩效与政府管理者利益的紧密度，采用行政强制与经济引导相结合的方式。

第二，在环境规制设置方面，政府应采取多元化的措施，规避命令—控制型工具等传统环境规制方式的局限性。例如，绿色信贷政策这一经济手段在环境治理中发挥着重要作用，建议政府在生态环境保护方面，除采取必要的行政管理措施之外，有必要进一步加强绿色信贷政策的实施力度；同时，银行作为绿色信贷政策实施的主体，应当积极创造条件推行绿色信贷，采取差异化的定价引导资金流向更加环保的产业及企业，从而有利于摆脱长期贷款"呆账""宕账"阴影，提升商业银行的经营绩效。此外，鉴于碳排放权交易政策这一市场手段在环境治理发挥的重要作用，有必要进一步推动我国碳排放权交易市场的全面发展。一方面，建议政府积极设计有效的碳排放权会计准则，促进企业积极参与碳排放权交易；另一方面，建议企业区分企业碳信息使用者，增强碳信息的企业价值提升作用。

第三，政府应认识到，现阶段大部分企业尚处于被迫接受环境规制阶段，自身减排意愿不足，企业环境规制应对行为的前瞻性欠缺。在当前环境下，大幅提升环境规制将对企业实体主业投资回报率产生较大损害。在资金短缺、技术能力受限的条件下，污染企业往往面临较高生存风险，驱使企业将更多资金投入高回报的金融领域而非积极开展绿色转型，可能导致环境规制的政策效果产生偏差。同时，政府在运用宏观政策工具以促使经济稳定发展时，还应将政策不确定性因素纳入考量范畴，包括其对企业环保投资造成的负面影响。这便需要政府找到一个最佳平衡点，既能稳定经济又能使企业环保投资处于较高水平。在今后环境保护工作中，政府应充分考虑企业绿色转型的经济可行性和技术可行性，将环境规制强度的提升幅度控制在合理区间，提升环境保护工作的科学性、精准性。同时，丰富环境规制工具特别是以排污权交易为代表的市场化环境规制工具，着力激发企业环境权变动机，推动企业从规制迫使向主动治理转变，加快绿色发展进程。

第四，鉴于环境规制强度与碳信息披露质量的关系，为使环境规制强度适宜，促使企业的碳信息披露质量达到最高，并使企业经济利益与节能减排目标相一致，建议政府应当将市场手段与行政手段相结合，完善上市公司独立董事制度、加强董事会秘书履职监督，提升同一环境规制下的企业环境信息披露水平，使环境规制落实与环境信息反馈达到"事半功倍"的效果。同时，建议中央政府统筹协调各地方政府的环境监管政策，应在考虑各地区经济水平、自然环境状态的基础上，减小各地方政府的环境规制差异，从而保障环境政策的统一落实，便于提高上市公司的环境信息披露水平，减少信息不对称性。面对日趋严苛的环境规制，实体企业尤其是重污染企业应转变思路，提升环境规制应对的前瞻性，加大技术创新、环保设施购置等方面的投入，将环保压力转化为企业转型升级动力，推动形成企业关键竞争力。唯有通过加大实体投入力度，增强污染治理水平，才能从根本上解决企业环保困境，实现核心竞争力提升和绿色发展的"双赢"，助力实现经济高质量发展目标。

第二节　研究局限性与展望

一　研究局限性

由于文献数据资料收集的时效性，以及研究设计本身的复杂性，本书在以下方面尚待改进：一是对选择性环境规制的理论研究有待深入探究与持续关注；二是对选择性环境规制衡量指标的选择设计有待斟酌与完善，从而更精准地考察环境规制强度与空间溢出效应，并进一步定量识别选择性环境规制行为的运行模式；三是由于数据披露限制，本书仅获取了部分省市的选择性环境规制行为数据，致使实证检验的稳健性受到一定影响。

二　研究展望

随着我国不断推进绿色低碳循环发展经济体系建设以及"碳达峰、碳中和"目标的提出，宏观环境规制及环境经济政策将不断呈现崭新特征。鉴于此，环境规制研究在以下方面尚存拓展空间：一是环境规制与绿色金融政策的创新保障机制研究，例如绿色金融政策设计和执行的权力配置，如何利用绿色金融工具削弱环境规制的选择性执行空间等；二是环境规制驱动要素优化配置的微观机理研究，例如各类环境规制工具设计与要素配置等，探究如何以环境规制工具组合、多元化环境规制手段等方式缓解实践中的选择性执行问题；三是环境规制、绿色技术创新与环境效应的动力机制研究，考察环境规制工具的环境治理效应及绿色创新驱动作用；四是环境规制、经济绩效与区域经济发展的机制路径研究，着重关注环境规制将如何影响区域经济建设等。

参考文献

包群等：《环境管制抑制了污染排放吗?》，《经济研究》2013 年第 12 期。

蔡海静：《我国绿色信贷政策实施现状及其效果检验——基于造纸、采掘与电力行业的经验证据》，《财经论丛》2013 年第 1 期。

蔡海静等：《绿色信贷政策、企业新增银行借款与环保效应》，《会计研究》2019 年第 3 期。

蔡海静等：《权变抑或逐利：环境规制视角下实体企业金融化的制度逻辑》，《会计研究》2021 年第 4 期。

蔡海静、许慧：《市场化进程、投资者注意力与投资效率》，《财经论丛》2016 年第 8 期。

操群：《碳配额、碳排放交易对短期企业价值影响分析——基于我国碳交易试点省市不同标准的比较》，《财会通讯》2015 年第 16 期。

曹国华、林川：《基于股东侵占模型的大股东减持行为研究》，《审计与经济研究》2012 年第 5 期。

曹霞、张路蓬：《企业绿色技术创新扩散的演化博弈分析》，《中国人口·资源与环境》2015 年第 7 期。

柴晶霞：《绿色金融影响宏观经济增长的机制与路径分析》，《生态经济》2018 年第 9 期。

陈丰龙、徐康宁：《经济转型是否促进 FDI 技术溢出：来自 23 个国家的证据》，《世界经济》2014 年第 3 期。

陈国进等：《政策不确定性、消费行为与股票资产定价》，《世界经济》2017 年第 1 期。

陈海嵩:《生态文明体制改革的环境法思考》,《中国地质大学学报》(社会科学版)2018年第5期。

陈华等:《中国企业碳信息披露:内容界定、计量方法和现状研究》,《会计研究》2013年第12期。

陈晓红等:《我国生态环境监管体系的制度变迁逻辑与启示》,《管理世界》2020年第11期。

陈羽桃、冯建:《企业绿色投资提升了企业环境绩效吗——基于效率视角的经验证据》,《会计研究》2020年第1期。

崔连标等:《基于碳减排贡献原则的绿色气候基金分配研究》,《中国人口·资源与环境》2014年第1期。

崔也光、周畅:《京津冀区域碳排放权交易与碳会计现状研究》,《会计研究》2017年第7期。

邓玉萍、许和连:《外商直接投资、地方政府竞争与环境污染——基于财政分权视角的经验研究》,《中国人口·资源与环境》2013年第7期。

丁友刚、宋献中:《政府控制、高管更换与公司业绩》,《会计研究》2011年第6期。

董直庆、王辉:《市场型环境规制政策有效性检验——来自碳排放权交易政策视角的经验证据》,《统计研究》2021年第10期。

杜龙政等:《环境规制、治理转型对绿色竞争力提升的复合效应——基于中国工业的经验证据》,《经济研究》2019年第10期。

杜湘红、张红燕:《机构投资者、碳信息披露与权益资本成本间的关系》,《西安石油大学学报》2018年第5期。

杜兴强等:《IPO公司"董秘"非正常离职的经济后果:基于中国资本市场的经验证据》,《投资研究》2013年第8期。

杜勇等:《CEO金融背景与实体企业金融化》,《中国工业经济》2019年第5期。

杜勇等:《董事会规模、投资者信心与农业上市公司价值》,《宏观经济研究》2014年第2期。

范庆泉:《环境规制、收入分配失衡与政府补偿机制》,《经济研究》2018 年第 5 期。

范体军等：《碳排放交易机制下减排技术投资的生产库存》，《北京理工大学学报》（社会科学版）2012 年第 6 期。

范玉波、刘小鸽：《基于空间替代的环境规制产业结构效应研究》，《中国人口·资源与环境》2017 年第 10 期。

封雨、叶敏文：《金融市场发展、独立审计与股权融资成本》，《财会通讯》2014 年第 18 期。

高凤莲、王志强：《"董秘"社会资本对信息披露质量的影响研究》，《南开管理评论》2015 年第 4 期。

高小芹：《金融发展水平、公司治理质量与股权资本成本》，《财会通讯》2021 年第 2 期。

耿强等：《环境管制程度对 FDI 区位选择影响的实证分析》，《南方经济》2010 年第 6 期。

龚锋等：《文明城市的民生效应分析——来自地级市的准自然实验证据》，《云南财经大学学报》2018 年第 12 期。

龚玉霞等：《绿色信贷对商业银行经营绩效的影响——基于动态面板系统 GMM 的研究》，《会计之友》2018 年第 9 期。

顾雷雷等：《企业社会责任、融资约束与企业金融化》，《金融研究》2020 年第 2 期。

顾夏铭等：《经济政策不确定性与创新——基于我国上市公司的实证分析》，《经济研究》2018 年第 2 期。

郭进：《环境规制对绿色技术创新的影响——"波特效应"的中国证据》，《财贸经济》2019 年第 3 期。

郝威亚等：《经济政策不确定性如何影响企业创新？——实物期权理论作用机制的视角》，《经济管理》2016 年第 10 期。

何玉等：《碳绩效与财务绩效》，《会计研究》2017 年第 2 期。

贺东航、孔繁斌：《中国公共政策执行中的政治势能——基于近 20 年农村林改政策的分析》，《中国社会科学》2019 年第 4 期。

贺胜兵等：《碳交易对企业绩效的影响——以清洁发展机制为例》，《中南财经政法大学学报》2015 年第 3 期。

胡立新、韩琳琳：《地方政府环保行为对上市公司环保投资影响研究》，《会计之友》2016年第17期。

胡宁等：《房产限购政策有助于实体企业"脱虚返实"吗——基于双重差分研究设计》，《南开管理评论》2019年第4期。

黄国宾、周业安：《财政分权与节能减排》，《中国人民大学学报》2014年第6期。

黄溶冰等：《自然资源资产离任审计与空气污染防治："和谐锦标赛"还是"环保资格赛"》，《中国工业经济》2019年第10期。

黄少安、周志鹏：《非经济领域锦标赛与经济增长——基于"五连冠"全国文明城市的分析》，《财经问题研究》2020年第7期。

黄亚生：《"中国模式"到底有多独特?》，中信出版社2011年版。

黄志忠等：《大股东减持股份的动因：理论和证据》，《经济评论》2009年第6期。

江珂：《环境规制对中国技术创新能力影响及区域差异分析——基于中国1995—2007年省际面板数据分析》，《中国科技论坛》2009年第10期。

姜付秀等：《董秘财务经历与盈余信息含量》，《管理世界》2016年第9期。

蒋为：《环境规制是否影响了中国制造业企业研发创新?——基于微观数据的实证研究》，《财经研究》2015年第2期。

颉茂华等：《环境规制、技术创新与企业经营》，《南开管理评论》2014年第6期。

柯文岚等：《环境规制对山西煤炭产业绩效影响的实证研究》，《中国矿业》2011年第12期。

乐菲菲、张金涛：《环境规制、政治关联丧失与企业创新效率》，《新疆大学学报》2018年第5期。

雷光勇等：《公式治理质量、投资者信心与股票收益》，《会计研究》2012年第2期。

李凤羽、杨墨竹：《经济政策不确定性会抑制企业投资吗?——基于中国经济政策不确定指数的实证研究》，《金融研究》2015 年第 4 期。

李虹、邹庆：《环境规制、资源禀赋与城市产业转型研究——基于资源型城市与非资源型城市的对比分析》，《经济研究》2018 年第 11 期。

李后建、张剑：《腐败与企业创新：润滑剂抑或绊脚石》，《南开经济研究》2015 年第 2 期。

李锴、齐绍洲：《贸易开放、经济增长与中国二氧化碳排放》，《经济研究》2011 年第 11 期。

李力等：《碳绩效、碳信息披露质量与股权融资成本》，《管理评论》2019 年第 1 期。

李茫茫等：《金融危机、天量信贷与银行债务契约——来自我国上市公司的经验证据》，《经济评论》2016 年第 4 期。

李梦洁：《环境规制、行业异质性与就业效应——基于工业行业面板数据的经验分析》，《人口与经济》2016 年第 1 期。

李青原、肖泽华：《异质性环境规制工具与企业绿色创新激励——来自上市企业绿色专利的证据》，《经济研究》2020 年第 9 期。

李胜兰等：《地方政府竞争、环境规制与区域生态效率》，《世界经济》2014 年第 4 期。

李维安、徐建：《董事会独立性、总经理继任与战略变化幅度——独立董事有效性的实证研究》，《南开管理评论》2014 年第 1 期。

李小平、卢现祥：《国际贸易、污染产业转移和中国工业 CO_2 排放》，《经济研究》2010 年第 1 期。

李秀玉、史亚雅：《绿色发展、碳信息披露质量与财务绩效》，《经济管理》2016 年第 7 期。

李永友、沈坤荣：《我国污染控制政策的减排效果——基于省际工业污染数据的实证分析》，《管理世界》2008 年第 7 期。

李永友、文云飞：《中国排污权交易政策有效性研究——基于自然实验的实证分析》，《经济学家》2016 年第 5 期。

连莉莉：《绿色信贷影响企业债务融资成本吗？——基于绿色企业与"两高"企业的对比研究》，《金融经济学研究》2015 年第 5 期。

林长泉等：《董秘性别与信息披露质量——来自沪深 A 股市场的经验证据》，《金融研究》2016 年第 9 期。

林立国、楼国强：《外资企业环境绩效的探讨——以上海市为例》，《经济学（季刊）》2014 年第 2 期。

刘洁、李文：《中国环境污染与地方政府税收竞争——基于空间面板数据模型的分析》，《中国人口资源与环境》2013 年第 4 期。

刘金林、冉茂盛：《环境规制、行业异质性与区域业集聚——基于省际动态面板数据模型的 GMM 方法》，《财经论丛》2015 年第 1 期。

刘美玉、赵侠：《职业董秘"闪辞"：逐利本性还是制度短板》，《管理世界》2014 年第 4 期。

刘莎、刘明：《绿色金融、经济增长与环境变化——西北地区环境指数实现"巴黎承诺"有无可能?》，《当代经济科学》2020 年第 1 期。

刘思宇：《"评比表彰"的激励逻辑——基于创建全国文明城市的考察》，《中国行政管理》2019 年第 2 期。

刘晔等：《国有企业混合所有制改革对全要素生产率的影响——基于 PSM-DID 方法的实证研究》，《财政研究》2016 年第 10 期。

刘钰俊：《绿色金融发展现状、需关注问题及建议》，《金融与经济》2017 年第 1 期。

刘哲、刘传明：《文明城市对产业结构升级的影响效应研究——来自文明城市评选的准自然实验》，《产业经济研究》2021 年第 1 期。

卢进勇等：《外商直接投资、人力资本与中国环境污染——基于 249 个城市数据的分位数回归分析》，《国际贸易问题》2014 年第 4 期。

陆菁等：《绿色信贷政策的微观效应研究——基于技术创新与资源再配置的视角》，《中国工业经济》2021 年第 1 期。

陆旸：《环境规制影响了污染密集型商品的贸易比较优势吗?》，《经济研究》2009 年第 4 期。

逯进等：《"文明城市"评选与环境污染治理：一项准自然实验》，《财经研究》2020 年第 4 期。

罗进辉：《"国进民退"：好消息还是坏消息》，《金融研究》2013年第5期。

马萍、姜海峰：《绿色信贷与社会责任——基于商业银行侧面的分析》，《当代经济管理》2009年第7期。

马勇等：《公众参与型环境规制的时空格局及驱动因子研究——以长江经济带为例》，《地理科学》2018年第11期。

毛新述等：《上市公司权益资本成本的测度与评价——基于我国证券市场的经验检验》，《会计研究》2012年第11期。

聂辉华、李金波：《政企合谋与经济发展》，《经济学（季刊）》2006年第1期。

牛海鹏等：《我国绿色金融政策的制度变迁与效果评价——以绿色信贷的实证研究为例》，《管理评论》2020年第8期。

潘翻番等：《自愿型环境规制：研究进展及未来展望》，《中国人口·资源与环境》2020年第1期。

彭聪、袁鹏：《环境规制强度与中国省域经济增长——基于环境规制强度的再构造》，《云南财经大学学报》2018年第10期。

彭俞超等：《经济政策不确定性与企业金融化》，《中国工业经济》2018年第1期。

齐绍洲等：《环境权益交易市场能否诱发绿色创新？——基于我国上市公司绿色专利数据的证据》，《经济研究》2018年第12期。

祁毓等：《中国环境分权体制改革研究：制度变迁、数量测算与效应评估》，《中国工业经济》2014年第1期。

乔俊峰、黄智琛：《文明城市评选对城市经济增长的影响：促进还是抑制？——来自文明城市评选的准自然实验》，《天津财经大学学报》2020年第11期。

秦炳涛、葛力铭：《相对环境规制、高污染产业转移与污染集聚》，《中国人口·资源与环境》2018年第12期。

邱斌等：《要素禀赋、制度红利与新型出口比较优势》，《经济研究》2014年第8期。

饶品贵等：《经济政策不确定性与企业投资行为研究》，《世界经济》2017 年第 2 期。

饶品贵、徐子慧：《经济政策不确定性影响了企业高管变更吗?》，《管理世界》2017 年第 1 期。

邵翠丽：《企业社会责任对财务绩效的影响研究——以造纸业上市公司为例》，《会计之友》2016 年第 24 期。

沈洪涛等：《碳排放权交易的微观效果及机制研究》，《厦门大学学报》（哲学社会科学版）2017 年第 1 期。

沈洪涛等：《再融资环保核查、环境信息披露与权益资本成本》，《金融研究》2010 年第 12 期。

沈洪涛、黄楠：《碳排放权交易机制能提高企业价值吗》，《财贸经济》2019 年第 1 期。

沈洪涛、马正彪：《地区经济发展压力、企业环境表现与债务融资》，《金融研究》2014 年第 2 期。

沈洪涛、周艳坤：《环境执法监督与企业环境绩效：来自环保约谈的准自然实验证据》，《南开管理评论》2017 年第 6 期。

沈坤荣等：《环境规制引起了污染就近转移吗?》，《经济研究》2017 年第 5 期。

沈能：《环境效率、行业异质性与最优规制强度——中国工业行业面板数据的非线性检验》，《中国工业经济》2012 年第 3 期。

沈能、刘凤朝：《高强度的环境规制真能促进技术创新吗?——基于"波特假说"的再检验》，《中国软科学》2012 年第 4 期。

盛斌、吕越：《外国直接投资对中国环境的影响——来自工业行业面板数据的实证研究》，《中国社会科学》2012 年第 5 期。

盛丹、张国峰：《两控区环境管制与企业全要素生产率增长》，《管理世界》2019 年第 2 期。

石大千等：《城市文明是否推动了企业高质量发展?——基于环境规制与交易成本视角》，《产业经济研究》2019 年第 6 期。

史贝贝等：《环境信息披露与外商直接投资结构优化》，《中国工业经济》2019 年第 4 期。

宋军、陆旸：《非货币金融资产和经营收益率的"U"形关系——

来自我国上市非金融公司的金融化证据》，《金融研究》2015 年第 6 期。

宋献中等：《社会责任信息披露与股价崩盘风险——基于信息效应与声誉保险效应的路径分析》，《金融研究》2017 年第 4 期。

苏冬蔚、连莉莉：《绿色信贷是否影响重污染企业的投融资行为？》，《金融研究》2018 年第 12 期。

孙光林等：《绿色信贷对商业银行信贷风险的影响》，《金融论坛》2017 年第 10 期。

孙钰鹏、苑泽明：《环保税会倒逼企业升级吗？——基于创新投入中介效应的分析》，《税务研究》2020 年第 4 期。

谭劲松：《独立董事"独立性"研究》，《中国工业经济》2003 年第 10 期。

谭溪：《我国地方环保机构垂直管理改革的思考》，《行政管理改革》2018 年第 7 期。

唐国平等：《地区经济发展、企业环保投资与企业价值——以湖北省上市公司为例》，《湖北社会科学》2018 年第 6 期。

唐国平等：《环境管制、行业属性与企业环保投资》，《会计研究》2013 年第 6 期。

陶然等：《地区竞争格局演变下的中国转轨：财政激励和发展模式反思》，《经济研究》2009 年第 7 期。

童健等：《环境规制、要素投入结构与工业行业转型升级》，《经济研究》2017 年第 7 期。

涂建明：《财务绩效驱动管理层的信息披露吗——来自上市公司的经验证据》，《管理评论》2009 年第 9 期。

涂正革、谌仁俊：《排污权交易机制在中国能否实现波特效应？》，《经济研究》2015 年第 7 期。

王班班：《环境政策与技术创新研究述评》，《经济评论》2017 年第 4 期。

王班班、齐绍洲：《市场型和命令型政策工具的节能减排技术创新效应——基于中国工业行业专利数据的实证》，《中国工业经济》

2016 年第 6 期。

王班班、齐绍洲：《有偏技术进步、要素替代与中国工业能源强度》，《经济研究》2014 年第 2 期。

王帆：《企业碳排放审计评价体系的构建与检验——基于生态文明建设的视角》，《南京审计学院学报》2015 年第 12 期。

王锋正、郭晓川：《环境规制强度、行业异质性与 R&D 效率——源自中国污染密集型与清洁生产型行业的实证比较》，《研究与发展管理》2016 年第 1 期。

王凤荣、苗妙：《税收竞争、区域环境与资本跨区流动——基于企业异地并购视角的实证研究》，《经济研究》2015 年第 2 期。

王红建等：《经济政策不确定性、现金持有水平及其市场价值》，《金融研究》2014 年第 9 期。

王红建等：《实体企业金融化促进还是抑制了企业创新——基于中国制造业上市公司的经验研究》，《南开管理评论》2017 年第 1 期。

王红梅：《中国环境规制政策工具的比较与选择——基于贝叶斯模型平均（BMA）方法的实证研究》，《中国人口·资源与环境》2016 年第 9 期。

王化成等：《经济政策不确定性、产权性质与商业信用》，《经济理论与经济管理》2016 年第 5 期。

王染等：《经济政策不确定性与企业投资行为关系研究》，《会计之友》2020 年第 12 期。

王书斌、徐盈之：《环境规制与雾霾脱钩效应——基于企业投资偏好的视角》，《中国工业经济》2015 年第 4 期。

王文军等：《中国碳排放权交易试点机制的减排有效性评估及影响要素分析》，《中国人口·资源与环境》2018 年第 4 期。

王晓宁、朱广印：《绿色信贷规模与商业银行经营效率的关系研究——基于全局主成分法的实证分析》，《金融与经济》2017 年第 11 期。

王馨、王营：《绿色信贷政策增进绿色创新研究》，《管理世界》2021 年第 6 期。

王永钦等：《中国的大国发展道路——论分权式改革的得失》，《经济研究》2007年第1期。

王云等：《媒体关注、环境规制与企业环保投资》，《南开管理评论》2017年第6期。

魏卉、姚迎迎：《技术创新与企业权益资本成本：提升抑或降低》，《现代财经（天津财经大学学报）》2019年第10期。

温素彬、周鎏鎏：《企业碳信息披露对财务绩效的影响机理——媒体治理的倒"U"形调节作用》，《管理评论》2017年第11期。

温忠麟等：《中介效应检验程序及其应用》，《心理学报》2004年第5期。

温忠麟、叶宝娟：《中介效应分析：方法和模型发展》，《心理科学进展》2014年第5期。

文雯、宋建波：《高管海外背景与企业社会责任》，《管理科学》2017年第2期。

吴海民等：《城市文明、交易成本与企业"第四利润源"——基于全国文明城市与民营上市公司核匹配倍差法的证据》，《中国工业经济》2015年第7期。

吴育辉等：《董秘的职业背景会影响企业IPO进程吗?》，《财务研究》2016年第2期。

吴战篪、李素银：《管理者自利与短视行为研究——基于上市公司证券投资的角度》，《经济经纬》2012年第1期。

伍中信等：《信贷政策与企业资本结构——来自中国上市公司的经验证据》，《会计研究》2013年第3期。

夏天添、李明玉：《环保投入、政策扶持与绿色金融效率》，《技术经济与管理研究》2019年第7期。

肖曙光等：《企业自愿性信息披露的决策机理差异性——基于不同时代与市场结构的比较研究》，《经济管理》2017年第6期。

肖序、郑玲：《低碳经济下企业碳会计体系构建研究》，《中国人口·资源与环境》2011年第8期。

谢乔昕：《环境规制扰动、政企关系与企业研发投入》，《科学学研究》2016 年第 5 期。

徐换歌:《评比表彰何以促进污染治理?——来自文明城市评比的经验证据》,《公共行政评论》2020 年第 6 期。

徐佳、崔静波:《低碳城市和企业绿色技术创新》,《中国工业经济》2020 年第 12 期。

徐莉萍等:《产权改革、控制权转移及其市场反应研究》,《审计研究》2005 年第 5 期。

许和连、邓玉萍:《外商直接投资与资源环境绩效的实证研究》,《数量经济技术经济研究》2014 年第 1 期。

闫文娟、钟茂初:《中国式财政分权会增加环境污染吗》,《财经论丛》2012 年第 3 期。

杨红丽、陈钊:《外商直接投资水平溢出的间接机制:基于上游供应商的研究》,《世界经济》2015 年第 3 期。

杨继生等:《经济增长与环境和社会健康成本》,《经济研究》2013 年第 12 期。

杨璐等:《公司治理特征与碳信息披露——基于 2012—2014 年 A 股上市公司的经验证据》,《财会通讯》2017 年第 3 期。

杨筝等:《放松利率管制、利润率均等化与实体企业"脱实向虚"》,《金融研究》2019 年第 6 期。

杨忠海:《货币政策、会计信息可比性与股权资本成本》,《会计之友》2020 年第 23 期。

姚鹏等:《城市品牌促进了城市发展吗?——基于"全国文明城市"的准自然实验研究》,《财经研究》2021 年第 1 期。

姚圣:《政治缓冲与环境规制效应》,《财经论丛》2012 年第 1 期。

叶红雨、王圣浩:《环境规制对企业财务绩效影响的实证研究——基于绿色创新的中介效应》,《资源开发与市场》2017 年第 11 期。

于文超、何勤英:《辖区经济增长绩效与环境污染事故——基于官员政绩诉求的视角》,《世界经济文汇》2013 年第 2 期。

喻灵：《股价崩盘风险与权益资本成本——来自中国上市公司的经验证据》，《会计研究》2017年第10期。

曾庆生：《公司内部人具有交易时机的选择能力吗？——来自中国上市公司内部人卖出股票的证据》，《金融研究》2008年第10期。

张彩云等：《环境规制、政绩考核与企业选址》，《经济管理》2018年第11期。

张成思：《金融化的逻辑与反思》，《经济研究》2019年第11期。

张成思、张步昙：《中国实业投资率下降之谜：经济金融化视角》，《经济研究》2016年第12期。

张成思、郑宁：《中国实体企业金融化：货币扩张、资本逐利还是风险规避》，《金融研究》2020年第9期。

张丹丹等：《投资者情绪、高管持股状况与企业资本成本》，《财会通讯》2019年第6期。

张国清、肖华：《高管特征与公司环境信息披露——基于制度理论的经验研究》，《厦门大学学报》（哲学社会科学版）2016年第4期。

张会清、王剑：《企业规模、市场能力与FDI地区聚集——来自企业层面的证据》，《管理世界》2011年第1期。

张济建等：《媒体监督、环境规制与企业绿色投资》，《上海财经大学学报》2016年第5期。

张娟等：《环境规制对绿色技术创新的影响研究》，《中国人口·资源与环境》2019年第1期。

张克中等：《财政分权与环境污染：碳排放的视角》，《中国工业经济》2011年第10期。

张鹏等：《工业化进程中环境污染、能源耗费与官员晋升》，《公共行政评论》2017年第5期。

张平等：《不同类型环境规制对企业技术创新影响比较研究》，《中国人口·资源与环境》2016年第4期。

张琦等：《地区环境治理压力、高管经历与企业环保投资》，《经济研究》2019年第6期。

张巧良等：《碳排放量、碳信息披露质量与企业价值》，《南京审计学院学报》2013 年第 2 期。

张勤、章新蓉：《环境管制、政治关联和碳信息披露相关性研究》，《财会通讯》2016 年第 33 期。

张秋莉、门明：《企业碳交易的有效性——基于中国 A 股上市公司的实证研究》，《山西财经大学学报》2011 年第 9 期。

张天舒、王子怡：《荣誉称号影响官员晋升的信号机制研究——来自全国文明城市评比的证据》，《中国行政管理》2020 年第 9 期。

张宇、蒋殿春：《FDI、政府监管与中国水污染——基于产业结构与技术进步分解指标的实验检验》，《经济学（季刊）》2014 年第 2 期。

张兆国等：《企业社会责任与财务绩效之间交互跨期影响实证研究》，《会计研究》2013 年第 8 期。

赵红、扈晓影：《环境规制对企业利润率的影响——基于中国工业行业数据的实证分析》，《山东财政学院学报》2010 年第 2 期。

赵映诚：《生态经济价值下政府生态管制政策手段的创新与完善》，《宏观经济研究》2009 年第 9 期。

郑文平、张冬洋：《全国文明城市与企业绩效——基于倾向性匹配倍差法的微观证据》，《产业经济研究》2016 年第 5 期。

中国工程院和环境保护部：《中国环境宏观战略研究》，中国环境科学出版社 2011 年版，第 110 页。

仲旦彦、陈玉荣：《董秘特征与 MD&A 信息披露质量》，《财会月刊》2018 年第 10 期。

周弘等：《融资约束与实体企业金融化》，《管理科学学报》2020 年第 12 期。

周守华、陶春华：《环境会计：理论综述与启示》，《会计研究》2012 年第 2 期。

周志鹏、文乐：《创建全国文明城市与区域经济增长——对城市创新能力中介效应和调节效应的检验》，《制度经济学研究》2019 年第 4 期。

朱茶芬等：《信息优势、波动风险与大股东的选择性减持行为》，《浙江大学学报》（人文社会科学版）2010 年第 2 期。

朱金鹤等：《文明城市评比何以促进劳动力流入？——来自地级市的准自然实验证据》，《产业经济研究》2021 年第 3 期。

朱平芳等：《FDI 与环境规制：基于地方分权视角的实证研究》，《经济研究》2011 年第 6 期。

邹国伟、周振江：《环境规制、政府竞争与工业企业绩效——基于双重差分法的研究》，《中南财经政法大学学报》2018 年第 6 期。

Abrell, J. et al., "Assessing the Impact of the EU ETS Using Firm Level Data", *Bruegel Working Paper*, No. 579, 2011.

Aghion, P. et al., "Carbon Taxes, Path Dependency and Directed Technical Change: Evidence from the Auto Industry", *Journal of Political Economy*, Vol. 124, No. 1, 2016.

Aguilera-Caracuel, J., Ortiz-de-Mandojana, N., "Green Innovation and Financial Performance on Institutional Approach", *Organization & Environment*, Vol. 26, No. 4, 2013.

Aintablian, S. et al., "Bank Monitoring and Environmental Risk", *Journal of Business Finance & Accounting*, Vol. 34, No. 1, 2007.

Aizawa, M., Yang, C., "Green Credit, Green Stimulus, Green Revolution? China's Mobilization of Banks for Environmental Cleanup", *Journal of Environment & Development*, Vol. 19, No. 2, 2010.

Albrizio, S. et al., "Environmental Policies and Productivity Growth: Evidence across Industries and Firms", *Journal of Environmental Economics and Management*, Vol. 81, 2017.

Allen, F. et al., "Law, Finance and Economic Growth in China", *Journal of Financial Economics*, Vol. 77, No. 1, 2005.

Baker, S. et al., "Measuring Economic Policy Uncertainty", *Quarterly Journal of Economics*, Vol. 131, No. 4, 2016.

Baldwin, R. E. et al., "Multinationals, Endogenous Growth and Technological Spillovers: Theory and Evidence", *Review of International E-*

conomics, Vol. 13, No. 5, 2005.

Baum, C. F. et al., "The Second Moments Matter: The Impact of Macroeconomic Uncertainty on the Allocation of Loanable Funds", *Economics Letters*, Vol. 102, No. 2, 2009.

Bertrand M., Mullainathan S. et al., "Enjoying the Quiet Life? Corporate Governance and Managerial Preferences", *Journal of Political Economy*, Vol. 111, No. 5, 2003.

Bertrand, M. et al., "How Much Should We Trust Differences-In-Differences Estimates?", *Quarterly Journal of Economics*, Vol. 119, No. 1, 2004.

Brown, J. R., Petersen, B. C., "Cash Holdings and R&D Smoothing", *Journal of Corporate Finance*, Vol. 17, No. 3, 2011.

Brunnermeier, S. B., Cohen, M. A., "Determinants of Environmental Innovation in US Manufacturing Industries", *Journal of Environmental Economics and Management*, Vol. 45, No. 2, 2003.

Calel, R., Dechezlepretre, A., "Environmental Policy and Directed Technological Change: Evidence from the European Carbon Market", *The Review of Economics and Statistics*, Vol. 98, No. 1, 2016.

Chakraborty, C., Nunnenkamp, P., "Economic Reforms, FDI and Economic Growth in India: A Sector Level Analysis", *World Development*, Vol. 36, No. 7, 2008.

Chen, Y. C. et al., "The Effect of Mandatory CSR Disclosure on Firm Profitability and Social Externalities: Evidence from China", *Journal of Accounting & Economics*, Vol. 65, No. 1, 2017.

Chen, Y. Y. et al., "Evidence on the Impact of Sustained Exposure to Air Pollution on Life Expectancy from China's Huai River Policy", *Proceedings of the National Academy of the Sciences*, Vol. 110, No. 32, 2013.

Cheng, B. et al., "Impacts of Carbon Trading Scheme on Air Pollutant Emissions in Guangdong Province of China", *Energy for Sustainable Development*, Vol. 27, 2015.

Christainsen, G. B. , Haveman, R. H. , "The Contribution of Environmental Regulations to the Slowdown in Productivity Growth", *Journal of Environmental Economics & Management*, Vol. 8, No. 4, 1981.

Coase, R. H. et al. , "The Problem of Social Cost", *The Journal of Law and Economics*, Vol. 56, No. 4, 1960.

Coff, R. W. , Lee, P. M. , "Insider Trading as a Path to Competitive Advantage?", *Strategic Organization*, Vol. 5, No. 1, 2007.

Cohen, M. A. , "Determinants of Environmental Innovation in US Manufacturing Industries", *Journal of Environmental Economics & Management*, Vol. 45, No. 2, 2003.

Criscuolo, C. et al. , "Some Causal Effects of an Industrial Policy", *American Economic Review*, Vol. 109, No. 1, 2019.

Dales, J. , *Pollution, Property and Prices*, Toronto: University of Toronto Press, 1968.

Dasgupta, S. et al. , "Environmental Regulation and Development: A Cross-Country Empirical Analysis", *Oxford Development Studies*, Vol. 29, No. 2, 2001.

Dechezlepretre, A. et al. , "Invention and Transfer of Climate Change-Mitigation Technologies: A Global Analysis", *Review of Environmental Economics and Policy*, Vol. 5, No. 1, 2011.

Demir, F. , "Financial Liberalization, Private Investment and Portfolio Choice: Financialization of Real Sectors in Emerging Markets", *Journal of Development Economics*, Vol. 88, No. 2, 2009.

Domazlicky, B. R. , Weber, W. L. , "Does Environmental Protection Lead to Slower Productivity Growth in the Chemical Industry?", *Environmental & Resource Economics*, Vol. 28, No. 3, 2004.

Ebenstein, A. et al. , "Growth, Pollution, and Life Expectancy: China from 1991 – 2012", *American Economic Review*, Vol. 105, No. 5, 2015.

Eckbo, B. E. , Smith, D. C. , "The Conditional Performance of

Insider Trades", *Journal of Finance*, Vol. 53, No. 2, 1998.

Fama, E. F. , Jensen, M. C. , "Separation of Ownership and Control", *Journal of Law and Economics*, Vol. 26, No. 2, 1983.

Fang, L. H. et al. , "Intellectual Property Rights Protection, Ownership and Innovation: Evidence from China", *Harvard Business School Working Paper*, No. 17-043, 2016.

Fare, R. et al. , "Tradable Permits and Unrealized Gains from Trade", *Energy Economics*, Vol. 40, 2013.

Feng Z. , Chen W. , "Environmental Regulation, Green Innovation and Industrial Green Development: An Empirical Analysis based on the Spatial Durbin Model", *Sustainability*, Vol. 10, No. 1, 2018.

Ford, J. A. et al. , "How Environmental Regulations Affect Innovation in the Australian Oil and Gas Industry: Going Beyond the Porter Hypothesis", *Journal of Cleaner Production*, Vol. 84, No. 1, 2014.

Frankel, J. A. , *The Environment and Globalization in Weinstein*, America: Columbia University Press, 2005.

Fredriksson, P. G. , Millimet, D. L. , "Strategic Interaction and the Determination of Environmental Policy across U. S. States", *Journal of Urban Economics*, Vol. 51, No. 1, 2002.

Gantman, E. R. , Dabos, M. P. , "A Fragile Link? A New Empirical Analysis of the Relationship between Financial Development and Economic Growth", *Oxford Development Studies*, Vol. 40, No. 4, 2012.

Giannetti, M. et al. , "The Brain Gain of Corporate Boards: Evidence from China", *The Journal of Finance*, Vol. 70, No. 4, 2015.

Gray, W. B. , "The Cost of Regulation: OSHA, EPA and the Productivity Slowdown", *American Economic Review*, Vol. 77, No. 5, 1987.

Hall, B. H. , Helmers, C. , "Innovation and Diffusion of Clean/Green Technology: Can Patent Commons Help?", *Journal of Environmental Economics and Management*, Vol. 66, 2011.

He, J. , "Pollution Haven Hypothesis and Environmental Impacts of

Foreign Direct Investment: The Case of Industrial Emission of Sulfur Dioxide in Chinese Provinces", *Ecological Economics*, Vol. 60, No. 1, 2006.

Ibrahim, N. A., Angelidis, J. P., "The Corporate Social Responsiveness Orientation of Board Members: Are There Differences between Inside and Outside Directors?", *Journal of Business Ethics*, Vol. 14, No. 5, 1995.

Imre Dobos, "The Effects of Emission Trading on Production and Inventories in the Arrow-Karlin Model", *International Journal of Production Economics*, Vol. 93, 2005.

Jaffe, A. B., Jeffrey, F., "The Effect of Regulation Changes on Insider Trading", *Bell Journal of Economics*, Vol. 5, No. 1, 1974.

Jaffe, A. B., Palmer, K., "Environmental Regulation and Innovation: A Panel Data Study", *Review of Economics and Statistics*, Vol. 79, No. 4, 1997.

Jaffe, A. B., Stavins, R. N., "Dynamic Incentives of Environmental Regulations: The Effects of Alternative Policy Instruments on Technology Diffusion", *Journal of Environmental Economics & Management*, Vol. 29, No. 3, 1995.

Jaffe, A. B. et al., "Environmental Regulation and the Competitiveness of U. S. Manufacturing: What does the Evidence Tell Us?", *Journal of Economic Literature*, Vol. 33, No. 1, 1995.

Jean Olson Lanjouw, Ashoka Mody, "Innovation and the International Diffusion of Environmentally Responsive Technology", *Research Policy*, Vol. 25, No. 4, 1996.

John, A., Catherine, Y., "The Effects of Environmental Regulations on Foreign Direct Investment", *Journal of Environmental Economics and Management*, Vol. 40, No. 1, 2000.

Johnstone, N. et al., "Renewable Energy Policies and Technological Innovation: Evidence Based on Patent Counts", *Environmental and Resource Economics*, Vol. 45, No. 1, 2010.

Jorgenson, D. W., Wilcoxen, P. J., "Environmental Regulation and U. S. Economic Growth", *Rand Journal of Economics*, Vol. 21, No. 2, 1990.

Joseph Ufere Kalu et al., "Determinants of Voluntary Carbon Disclosure in the Corporate Real Estate Sector of Malaysia", *Journal of Environmental Management*, Vol. 182, 2016.

Julio, B., Yook, Y., "Political Uncertainty and Corporate Investment Cycles", *Journal of Finance*, Vol. 67, No. 1, 2012.

Kathuria, V., "Controlling Water Pollution in Developing and Transition Countries: Lessons from Three Successful Cases", *Journal of Environmental Management*, Vol. 78, No. 4, 2006.

Kolstad, C. D., "Learning and Stock Effects in Environmental Regulation: The Case of Greenhouse Gas Emissions", *Journal of Environmental Economics & Management*, Vol. 31, No. 1, 2004.

Konisky, D. M., "Regulatory Competition and Environmental Enforcement: Is There a Race to the Bottom", *American Journal of Political Science*, Vol. 51, No. 4, 2007.

Lanjouw, J. O., Mody, A., "Innovation and the International Diffusion of Environmentally Responsive Technology", *Research Policy*, Vol. 25, No. 4, 1996.

Levinson, A., "Environmental Regulatory Competition: A Status Report and Some New Evidence", *National Tax Journal*, Vol. 56, No. 1, 2003.

Lewis, B. W. et al., "Difference in Degrees: CEO Characteristics and Firm Environmental Disclosure", *Strategic Management Journal*, Vol. 35, No. 5, 2014.

Ley, M. et al., "The Impact of Energy Prices on Green Innovation", *The Energy Journal*, Vol. 37, No. 1, 2016.

Li, L. et al., "Carbon Information Disclosure, Marketization and Cost of Equity Financing", *International Journal of Environmental Research and*

Public Health, Vol. 16, 2019.

Li, L. et al., "Media Reporting, Carbon Information Disclosure, and the Cost of Equity Financing: Evidence from China", *Environmental Science & Pollution Research*, Vol. 24, No. 10, 2017.

Myers, S. C., Majluf, N. S., "Corporate Financing and Investment Decisions When Firms Have Information that Investors Do Not Have", *Social Science Electronic Publishing*, Vol. 13, No. 2, 2001.

Newell, R. G. et al., "The Induced Innovation Hypothesis and Energy-Saving Technological Change", *The Quaterly Journal of Economics*, Vol. 114, No. 3, 1999.

Nicolini, M., Resmini, L., "FDI Spillovers in New EU Member States", *Economics of Transition*, Vol. 18, No. 3, 2010.

Oestreich, A. M., Tsiakas, I., "Carbon Emissions and Stock Returns: Evidence from the EU Emissions Trading Scheme", *Journal of Banking & Finance*, Vol. 58, 2015.

Ohlson, J., Juettner, Nauroth B., "Expected EPS and EPS Growth as Determinants of Value", *Review of Accounting Studies*, Vol. 10, No. 2, 2005.

Orhangazi, "Financialization and Capital Accumulation in the Non-financial Corporate Sector: A Theoretical and Empirical Investigation on the US Economy", *Cambridge Journal of Economics*, Vol. 32, No. 6, 2008.

Palmer, K., Portney, R., "Tightening Environmental Standards: The Benefit-Cost or the No-Cost Paradigm?", *Journal of Economic Perspectives*, Vol. 9, No. 4, 1995.

Peter D. Easton, "PE Ratios, PEG Ratios, and Estimating the Implied Expected Rate of Return on Equity Capital", *The Accounting Review*, Vol. 79, No. 1, 2004.

Popp, D. et al., *Energy, the Environment and Technological Change*, Burlington: Academic Press, 2010.

Popp, D., "Induced Innovation and Energy Prices", *The American*

Economic Review, Vol. 92, No. 1, 2002.

Popp, D., "Innovation and Climate Policy", *NBER Working Paper*, No. 15673, 2010.

Porter, M. E., Van der Linde, "Toward a New Conception of the Environment — Competitiveness Relationship", *Journal of Economic Perspectives*, Vol. 9, No. 4, 1995.

Porter, M. E., "Towards a Dynamic Theory of Strategy", *Strategic Management*, Vol. 52, No. 12, 1991.

Prakash, A., Potoski, M., "Racing to the Bottom? Trade, Environmental Governance and ISO 14001", *American Journal of Political Science*, Vol. 50, No. 2, 2006.

Prakash, A., Potoski, M., "Voluntary Environmental Programs: A Comparative Perspective", *Journal of Policy Analysis & Management*, Vol. 31, No. 1, 2011.

Rassier, D. G., Earnhart, D., "Effects of Environmental Regulation on Actual and Expected Profitability", *Ecological Economics*, Vol. 112, No. 4, 2015.

Ruttan, V. W., "Induced Innovation, Evolutionary Theory and Path Dependence: Sources of Technical Change", *The Economic Journal*, Vol. 107, No. 444, 1997.

Söderholm, et al., "Environmental Regulation and Competitiveness in the Mining Industry: Permitting Processes with Special Focus on Finland, Sweden and Russia", *Resources Policy*, Vol. 43, 2015.

Schmidt, T. S. et al., "The Effects of Climate Policy on the Rate and Direction of Innovation: A Survey of the EU ETS and the Electricity Sector", *Environmental Innovation and Societal Transitions*, Vol. 2, 2012.

Seyhun, H. N., "Insiders' Profits, Costs of Trading and Market Efficiency", *Journal of Financial Economics*, Vol. 16, No. 2, 1986.

Sharfman, M. P., Fernando, C. S., "Environmental Risk Management and the Cost of Capital", *Strategic Management Journal*, Vol. 29,

No. 6, 2010.

Shipman, J. E. et al. , "Propensity Score Matching in Accounting Research", *Accounting Review*, Vol. 92, No. 1, 2015.

Skinner, B. F. , "Whatever Happened to Psychology as the Science of Behavior? ", *American Psychologist*, Vol. 42, No. 8, 1992.

Slater, D. J. , Dixon-Fowler, H. R. , "The Future of the Planet in the Hands of MBAs: An Examination of CEO MBA Education and Corporate Environmental Performance", *Academy of Management Learning & Education*, Vol. 9, No. 3, 2010.

Sloan, R. G. , "Do Stock Prices Fully Reflect Information in Accruals and Cash Flows about Future Earnings?", *Social Science Electronic Publishing*, Vol. 71, No. 3, 1996.

Snyder, L. D. et al. , "The Effects of Environmental Regulation on Technology Diffusion: The Case of Chlorine Manufacturing", *American Economic Review*, Vol. 93, No. 2, 2003.

Tang, L. et al. , "Carbon Emissions Trading Scheme Exploration in China: A Multi-Agent-Based Model", *Energy Policy*, Vol. 81, 2015.

Thompson, P. , Cowton, C. J. , "Bringing the Environment into Bank Lending: Implications for Environmental Reporting", *British Accounting Review*, Vol. 36, No. 2, 2004.

Tilt, B. , "The Political Ecology of Pollution Enforcement in China: A Case from Sichuan's Rural Industrial Sector", *The China Quarterly*, Vol. 192, 2007.

Veith Becker et al. , "Transfer Functions Simulating the Coprecipitation of Trace Elements in Unsaturated Soils", *Environmental Geology*, Vol. 58, No. 7, 2009.

Veugelers, R. , "Which Policy Instruments to Induce Clean Innovation?", *Research Policy*, Vol. 14, No. 10, 2012.

Vogel, D. , *Trading Up: Consumer and Environmental Regulation in a Global Economy*, America: Harvard University Press, 1995.

Wang D. T. et al. , "When does FDI Matter? The Roles of Local Institutions and Ethnic Origins of FDI", *International Business Review*, Vol. 22, No. 2, 2013.

Wang, L. C. , Zhu, Y. , "Green Credit Policy and the Maturity of Corporate Debt", *Springer Singapore*, Vol. 502, 2017.

Wei Qian, Stefan Schaltegger, "Revisiting Carbon Disclosure and Performance: Legitimacy and Management Views", *The British Accounting Review*, Vol. 49, 2017.

Xu, X. , Li, J. , "Asymmetric Impacts of the Policy and Development of Green Credit on the Debt Financing Cost and Maturity of Different Types of Enterprises in China", *Journal of Cleaner Production*, Vol. 264, No. 10, 2020.

Yoo, J. H. , Axèle Giroudb, "Competence−creating Subsidiaries and FDI Technology Spillovers", *International Business Review*, Vol. 24, No. 4, 2015.

Zeng Ka, Joshua Easin, *Greening China: The Benefits of Trade and Foreign Direct Investment*, America: The University of Michigan Press, 2011.

Zheng, S. Q. , Kahn, M. E. , "Understanding China's Urban Pollution Dynamics", *Journal of Economic Literature*, Vol. 51, No. 3, 2013.

Zhou, G. C. et al. , "Can Environmental Regulation Flexibility Explain the Porter Hypothesis? An Empirical Study Based on the Data of China's Listed Enterprises", *Sustainability*, Vol. 11, No. 8, 2019.

后 记

本书是笔者承担的国家社会科学基金重大项目"数字经济时代完善绿色生产和消费的制度体系和政策工具研究"（20ZDA087）子课题的结题成果。

这一课题的研究初衷源自笔者对我国生态环境治理与环境规制建设现状的深入思考。近年来，随着"绿水青山就是金山银山"理念的持续深入，我国政府对生态环境治理的行政手段日益强化，污染治理卓有成效。然而，环境保护的长效机制建设却不尽如人意。当前，尽管我国基本建立了生态环境治理的法律法规框架体系，但在实际运作过程中，环境污染问题并未因此得到根本性解决，这表明我国环境立法与环境规制的实际效果之间存在一定差距。为切实厘清其中缘由，笔者开展了广泛的实地调研，翻阅了大量研究文献，通过反复深入的研究调查，最终发现其症结所在：地方环保部门对环境违法行为实施选择性执法即选择性环境规制，是造成我国环境治理效果未达预期的重要原因。为此，有必要对选择性环境规制行为进行科学厘定、精准识别并有效矫正，从而找到破解上述困境的根本对策，为我国优化环境政策设置、提升环境保护工作的精准性与科学性提供政策启示。

本书紧紧围绕这一主题，先后开展了十个密切相关的子课题研究，每个课题既各有侧重，又贯穿主线，尤其对政企互动与央地关系视角下的环境规制执行机制展开深入剖析，并进一步考察微观主体应对选择性环境规制的行为策略及经济后果，同时也探讨了实现经济稳定增长与环境有效治理的"双赢"措施。

在研究过程中，浙江财经大学王俊豪教授给予了诸多思想与理论层面的指导，其大力支持最终促成了本书的付梓出版。在书稿撰写过程中，中南财经政法大学郭道扬教授为本书的研究方向提供了思路，并在笔者遇到研究瓶颈时给予了积极鼓励和启发引导。王建明教授为本书提出了极富价值的建议与意见，为笔者指点迷津，对相关研究的开展裨益颇丰。

此外，本书的出版得到了浙江省新型重点专业智库"浙江财经大学中国政府监管与公共政策研究院"的资助，研究院丰富的图书与数据资料、良好的学术氛围及各种学术活动为本书的写作提供了重要支撑。

中国社会科学出版社的刘晓红编辑为本书的出版不辞辛劳，在此一并表示最诚挚的感谢！

蔡海静

2022 年 3 月